农产品质量安全与营养健康

科普大全

（三）

农业农村部农产品质量安全中心　组编

中国农业科学技术出版社

图书在版编目(CIP)数据

农产品质量安全与营养健康科普大全. 三 / 农业农村部农产品质量安全中心组编. -- 北京：中国农业科学技术出版社，2023. 5

ISBN 978-7-5116-6196-8

Ⅰ. ①农…　Ⅱ. ①农…　Ⅲ. ①农产品-食品安全②农产品-食品营养　Ⅳ. ①TS201. 6②R151. 3

中国国家版本馆 CIP 数据核字(2023)第 008150 号

责任编辑　周　朋
责任校对　王　彦
责任印制　姜义伟　王思文

出 版 者　中国农业科学技术出版社
北京市中关村南大街 12 号　　邮编：100081
电　　话　(010) 82106643 (编辑室)　　(010) 82109702 (发行部)
(010) 82109709 (读者服务部)
网　　址　https://castp.caas.cn
经 销 者　各地新华书店
印 刷 者　北京地大彩印有限公司
开　　本　710mm×1 000mm　1/16
印　　张　9　　彩插　8 面
字　　数　135 千字
版　　次　2023 年 5 月第 1 版　2023 年 5 月第 1 次印刷
定　　价　138. 00 元

《农产品质量安全与营养健康科普大全（三）》

编委会名单

编著单位：

农业农村部农产品质量安全中心

编写人员：

总　主　编： 孔　亮

统筹主编： 王子强　王为民　孔　巍　杨映辉

技术主编： 杨　玲　刘建华　徐东辉　聂继云　范　蓓　张大文　穆迎春　虞　京　赵帅琪

副　主　编： 刘贤金　王加启　王　冉　王　强　张玉婷　周昌艳　王　旭　宋卫国　闫飞燕　戴　芬　孙晓明

主要编审人员： 白　雪　白红武　蔡友琼　苍　涛　曹爱巧　曹　佳　柴　勇　常丽娟　陈健晴　陈善波　陈　伟　陈旭晋　陈　岩　陈泳锨　陈泽国　陈兆国　陈智慧　陈子雷　程　亮　崔丽丽　代晓航　邓腾灏博　董　慧　董燕婕　杜瑞英　范　宏　范丽霞　冯鑫磊　盖　旭　龚　兰　顾蕴倩　郭　阳　韩　刚　韩令喜　韩平华　韩希凤　郝海红　郝建强　何嘉琪　何　洁　何　涛　何　鑫　胡祥娜　胡心意　黄　芳　黄鸿兵　黄　薇　黄　燕　黄永东　贾东杰　姜　遥　蒋金花　蒋文艳　蒋越华　金婵娟　金　诺　孔夏冰　李　斌　李富荣　李　敬　李俊玲　李　玲　李鹏霞　李清声　李胜男

李斯文	李　曦	李晓贝	李永玉	李忠宽
梁洺源	梁志宏	廖　洁	廖且根	林方龙
刘海燕	刘怀乐	刘　璐	刘少宁	刘文娟
刘雯雯	刘香香	刘小存	刘新迎	刘银兰
刘月悦	刘征辉	卢海燕	陆宇阳	吕岱竹
吕　露	罗　燕	罗义灿	马丽艳	孟繁磊
孟　璐	米荣升	莫磊兴	聂　森	欧阳喜辉
潘晓威	庞　博	彭立军	彭彦昆	钱群丽
秦培伦	邱素艳	任　潇	石含之	石青浩
时鹏涛	宋春艳	宋金龙	宋志峰	苏　蘩
孙　晨	覃国新	谭志军	唐子茜	田　珊
田晓龙	佟海姣	万浩亮	王　芳	王海军
王俊全	王　磊	王　蒙	王明月	王　娜
王珊珊	王士强	王天顺	王　媛	韦璐阳
韦宇宁	魏　超	魏春雁	魏静娜	魏瑞成
文　典	吴静娜	吴声敢	吴　薇	吴学进
习佳林	夏　辉	向建军	徐锦华	许　敏
许晓敏	闫建茹	阳　博	杨春亮	杨　慧
杨剑波	杨　曦	杨秀娟	杨悠悠	杨　臻
姚春霞	姚佳蓉	叶剑芝	于寒冰	余鸿燕
禹绍周	喻嘉鑫	袁丽娟	曾绍东	张　浩
张惠峰	张　乐	张丽芬	张　玲	张文君
张雪梅	张延国	张　岩	张艳梅	张云清
张运选	张　曾	张振都	赵立军	赵明明
赵　珊	赵善仓	赵晓燕	赵学平	赵雪梅
赵　越	赵志勇	赵自通	郑　楠	郑妍婕
郑　扬	周德庆	周锋杰	周宏胜	周有祥
朱大洲	朱孟东	邹文龙		

目　　录

第一章　水果

1. 食用表皮上有黑斑点的香蕉安全吗？

我们在市场可能会看到表皮带有黑斑点的香蕉出售，或者我们购买的香蕉在存放几天后表皮出现了黑斑点，食用这种香蕉安全吗？

香蕉表皮出现黑斑点可能是炭疽病所致。香蕉炭疽病又称黑腐病、熟果腐烂病，主要危害成熟或近熟的香蕉果实，是由香蕉刺盘孢菌引起的，其症状是在黄熟的果皮表面产生许多散生的褐色或者暗褐色小点，呈"芝麻点"状，小点扩大汇合或者几个病斑汇合会形成不规则形大斑，并逐渐向果肉蔓延深入，造成全果过熟腐烂。当香蕉的果梗和果轴发生炭疽病害时，会产生黑色水渍状斑，严重时果梗、果轴全部变黑、干缩或者腐烂。

香蕉表皮出现黑斑点也可能是香蕉运输受损或贮存不当导致。香蕉表皮细胞中含有丰富的酚类和多酚氧化酵素，正常情况下，它们被分隔在细胞的不同区域，但当香蕉受机械伤或低温冷害，表皮细胞受到损伤，细胞会破裂，细胞内的酚类物质在多酚氧化酶（PPO）和过氧化物酶（POD）的作用下，生成醌类物质，醌类与细胞内的氨基酸反应生成黑色色素沉淀于香蕉表皮，于是香蕉表皮就出现褐色的斑点。此外，在运输过程中的密闭空间里，香蕉自身释放乙烯气体，表皮受损的香蕉更易被催熟，其果皮的黑斑会扩大蔓延。

人们通常对食用表皮有黑斑点的香蕉会有点担心，是因为对炭疽病了解甚少。香蕉炭疽病是由香蕉刺盘孢菌引起的，而人类炭疽病是由炭疽杆菌所致，这是一种人畜共患的急性传染病，是人因接触或食用病畜及其产品发生感染所致。香蕉炭疽病与人类炭疽病虽然名称一样，但两者完全不相干。

实际上，表皮带有黑斑是代表香蕉已经成熟。香蕉未成熟时含有大量鞣酸，食用口感生涩，且易导致便秘；成熟后鞣酸含量大大降低，口感香甜。如彩图 1A 所示，当香蕉表皮黄熟有光泽，尚未出现明显斑点且果指端已变黑时，轻按压果身，感到果肉柔软富有弹性，果肉略粉，表明此时已可以鲜食，吃起来香气较淡、甜度稍低，微涩。如彩图 1B 所示，当表皮出现明显斑点，表明香蕉已成熟，成熟后的香蕉果肉呈淡黄色，味甜而香气较浓郁，吃起来香甜不涩，此时正是鲜食的最佳时间，必须尽快食用，不宜继续存放。如彩图 1C 和彩图 1D 所示，随着香蕉表皮的黑斑扩大，果肉逐渐变软甚至已局部出现腐变或散发异味，表明香蕉存放时间过久，果肉已过度成熟，不建议食用。

购买香蕉后如不是马上食用，建议不要将其放于冰箱中冷藏，因为香蕉贮存温度为 12~16 ℃，冰箱存放果蔬的温度约为 4 ℃，低温容易导致香蕉表皮出现黑斑，如彩图 2A 所示。如果想延长香蕉的保存时间，可用保鲜膜将香蕉的果梗部包裹住，将其存放于室温阴凉处，如彩图 2B 所示。因为香蕉释放的乙烯气体大部分来源于香蕉的果梗部，裹住后就阻碍了乙烯的释放，也能延缓香蕉成熟过程。也可以在切开的香蕉果梗部位抹点柠檬汁或者食醋，弱酸处理可以抑制香蕉果皮多酚氧化酶活性，进而抑制香蕉因衰老导致的果皮褐变，有利于香蕉的保存。不要将香蕉与成熟的苹果、橘子等水果一起存放，成熟的水果会释放乙烯气体催熟香蕉。

2. 梨果润燥学问大

梨果鲜美，不但肉脆多汁、酸甜可口、芳香宜人，而且营养丰富，含有多种维生素、多酚物质和纤维素等物质。梨的品种有1 000多种，主要有秋子梨、白梨、砂梨、洋梨及库尔勒香梨等几大类，不同种类的梨味道和质感都完全不同，既可生食，也可蒸煮后食用。

李时珍在《本草纲目》中说："梨品甚多，俱为上品，可以治病。"指出梨能"润肺凉心，消痰降火，解疮毒、酒毒。"现代科学家和医生也把梨称为"全方位的健康水果"或"全科医生"。梨具有润肺止咳、清热镇静、养血生肌的功效，可改善呼吸系统和肺功能。因此梨多制备成梨膏食用。

具体是梨中的什么成分起作用呢？随着现代检测技术的发展，人们逐渐发现酚类物质具有特殊的抗氧化活性，对人体内过剩的自由基有良好的清除能力，目前的流行病学实验结果已证明其在心血管疾病、神经变性疾病和癌症预防方面具有明显效果。

已有研究数据显示：

①梨果中富含100多种多酚类物质，因梨果的不同位置及品种不同而不同；

②在我国栽培梨系统中，秋子梨系统多酚含量高于其他系统，以红南果梨表现最优；

③果心酚类物质含量高于果皮，果肉最低，果心和果皮中所含的酚类物质种类多于果肉；

④熊果苷、绿原酸、表儿茶素、木犀草苷是果肉和果皮中的主要酚类物质，果皮中的酚类物质以绿原酸和熊果苷为主，其次有木犀草苷，总含量通常为果肉的10倍左右。

病理学研究也发现：

①绿原酸具有广泛的生物活性，具有抗菌抗病毒、保肝利胆、抗肿瘤等作用；

②熊果苷具有镇咳、祛痰的作用，同时具有极佳的美白效果；

③表儿茶素是最简单的原花青素，具有体外抗氧化活性，有抗炎、抗肿瘤作用；

④木犀草苷有较强的呼吸道杀菌作用，它是新疆特有药材青兰中治疗气管炎的主要有效成分，也可减弱胆固醇在动脉粥样硬化中的作用，增强毛细血管的舒张。

由此看出梨果润肺止咳、清热消炎的作用与上述多酚物质的活性密切相关。

金银花自古以来就以它的药用价值广泛而著名，具有清热解毒、抗炎、补虚疗风的功效，其标志性成分是绿原酸和木犀草苷，同时木犀草苷还是区别正品金银花和同科的山银花的标志物，这更加验证绿原酸、熊果苷及木犀草苷等多酚物质对于梨果药用价值的贡献。

经测试分析，红香酥与七月红香梨梨皮中木犀草苷含量可媲美金银花中含量。梨果中绿原酸含量远低于金银花中，仅为 1/60 左右，但金银花经加工、浸泡，会有损失，部分无法浸出。假设按全部溶出计算，吃一个梨子相当于饮用 5 g 金银花冲泡一次的水（若保健饮用，一次冲泡 2~3 g 即可）。

根据梨果活性物质研究，针对如何健康吃梨给出如下建议：

①若梨皮不是太厚，可带皮食用；

②若不喜欢食用梨皮，可榨汁饮用，此时梨皮中的多酚物质也会溶出；

③加热时间在 1 个小时之内，绿原酸下降不明显，而木犀草苷具有一定热稳定性，梨果可带皮蒸煮。

3. “激素葡萄”真相解剖

葡萄成熟上市，大家一定很关心葡萄的质量安全问题。现在就对“激素葡萄”的真相做一个解剖。

这几年，关于“激素葡萄”，在网络和媒体上主要有以下 6 种说法。

一是“乒乓球葡萄”。有一种葡萄个头很大，纵向直径甚至超过乒乓球，一颗葡萄半两重。有人以为这是激素催大的，但激素哪有这么大的力量啊。实际上，乒乓球葡萄就是一个专门的品种，也叫藤稔葡萄，这个品种的特点就是果子特别大。所以乒乓球葡萄不是激素催大的，而是这个品种天然的特点。

二是“膨大剂葡萄”。很多人都认为，葡萄用了膨大剂，吃了就不安全。实际上，葡萄用的膨大剂，叫氯吡脲，是经过我们国家登记后允许在葡萄上使用的，允许使用意味着是经过风险评估过的，所以对于正确施用过膨大剂的葡萄，吃了是安全的。

三是“避孕药葡萄”。2019 年，网上曾经流传着一个小视频，一位种葡萄的农民说，无籽葡萄涂了避孕药，孩子吃了会绝育。使用赤霉素等植物生长调节剂可以种出无籽葡萄，植物生长调节剂也叫激素，但此激素非彼激素，这是外源性植物激素，也可以说相当于植物避孕药；而我们常说的避孕药是指人的避孕药，是一种动物激素或人激素。植物激素与动物激素或人激素，无论是化学结构还是作用都是不同的。一把钥匙开一把锁，植物激素只能作用于植物受体，对动物或人不起作用；反之亦然，避孕药等动物激素或人激素的靶标是动物或人，对植物无效。

四是“催熟葡萄”。2017 年，有一个地方的农民在葡萄上使用催熟剂乙烯利，希望能早几天采摘卖个好价格，但因为天气炎热产生药害，果子掉在地上，留在树上的也发软了。当地为了保护品牌，担心农民为减少损失将发软的葡萄低价卖掉，因而将其强行销毁，并且用了深埋和撒石灰的方式。结果媒体一曝光，消费者都不敢吃葡萄了，以为葡萄都要催熟，催熟的葡萄是不能吃的，因为要深埋、撒石灰啊。实际上，一方面，乙烯利可以用于催熟香蕉、番茄等，但因为没有登记在葡萄上使用，所以农民将其用于葡萄催熟的行为是违规的，但这种用法并不常见；另一方面，尽管这种行为违规，但后果并不严重。因为乙烯利通过产生乙烯对葡萄催熟，乙烯是一种内源性植物激素，在葡萄中本身就有，乙烯或乙烯利毒性很低，葡萄用了乙烯利虽然发生落果和软果药害，但并不需对其产品安全性有过多担心，不需要深埋和撒石灰处理。

五是“白霜葡萄”。葡萄上常常覆盖着一层白白的霜，有人以为是农药。实际上，这是果粉，是葡萄自身分泌出来的糖醇类物质，是好东西，既可以减少水分蒸发，又可以减少病害发生，还可以代替酵母用来发酵做葡萄酒。

六是“长刺葡萄”。媒体报道，葡萄上有一个个小刺，有人以为是农药或病虫在上面，所以不能吃。实际上，这是营养珠，也是好东西。怎么形成的呢？有的时候，葡萄吸收肥水太多，果实膨大时内压过大，葡萄里面的营养物质通过表皮渗透出来了，逐渐变黄变硬，附在表皮上，成为营养珠。

总而言之，葡萄上使用的激素是植物激素或者叫植物外源激素，与植物自身分泌产生的内源激素比较，无论是化学结构还是生理作用，都是相同的或相类似的，也叫植物生长调节剂，是一类农药。这类农药与其他 3 类农药，即杀虫剂、杀菌剂、除草剂不同，具有特异性、特效性和微量性，并且最为安全，因为它们毒性低、用量低和残留低。这是近代农业五大新技术之一，在世界各国长期得到登记允许和普遍使用，并且从来没有发生过因使用这类农药引起的食物中毒事件。

4. 西瓜“爆炸”，你不要怕

西瓜是我们熟悉且喜爱的水果，听到“爆炸西瓜”“膨大剂西瓜”，消费者会高度关注。“爆炸西瓜”能吃吗？西瓜为什么会“爆炸”？因为打了膨大剂吗？

水果使用膨大剂的争议在网络中反复出现、广泛传播。这些爆料称膨大剂对人体的神经系统有害，也可能造成儿童发育不良、痴呆等。

针对“膨大剂水果”问题，行业专家从植物生长调节剂角度对问题进行了科学解读，明确表示，“使用膨大剂的水果不宜食用”一类问题系谣言，是网民不了解水果生产中植物生长调节剂作用机理及膨大剂合理使用规范等基本常识所致。

膨大剂属于植物生长调节剂的一种，具有提高坐果率及改良果实生产状态和品质的作用，是国家允许使用的植物生长调节剂。因此，合理使用膨大剂无害。

导致西瓜炸裂的原因如下。

①正常生理现象。西瓜质脆、含水量大且为圆形，易滚动，轻微碰撞也容易开裂。西瓜品种也影响其表皮脆度，早熟西瓜的瓜皮较薄，缺乏韧性，容易开裂。

②受天气影响。阴雨天低温低光照可使瓜皮木栓化，降低瓜皮的韧性，待晴天到来，光照和温度使西瓜加速生长，容易撑破瓜皮，造成裂瓜。

③受肥料影响。肥料施用不均衡可能会加快西瓜生长，瓜瓤的生长速度要大大快于瓜皮，这样西瓜就很容易开裂。

西瓜的营养保健功能：西瓜本身有消暑解热的功效，瓜瓤除了含有大量的葡萄糖、果糖和蔗糖，还含有少量的番茄红素、瓜氨酸、维生素 C（抗坏血酸）等功能性成分，鲜食即可被人体吸收而产生保健作用。

温馨提醒：

①西瓜含有大量糖分，不建议糖尿病人食用；

②西瓜因水分较多，不建议肾功能不全者食用；

③西瓜切开过久不建议食用，因夏季气温高，细菌容易繁殖；

④西瓜对人体益处多多，但不宜多吃。另外应注意选择成熟的新鲜西瓜。

5. 霉变甘蔗真菌毒素与甘蔗食用安全

鲜食甘蔗（又称果蔗）皮薄、质脆、汁多、清香甜口、风味独特。甘蔗营养丰富，除含有12%左右蔗糖外，还含有人体所需的18种氨基酸以及多种维生素、矿物质和活性酶类等。

甘蔗是热带、亚热带作物，主要生长在我国南方省份，虽然近年来北方省份也有少量种植，但无法满足当地消费需求，北方市场的大量甘蔗主要来自南方产区，并且上市时间主要在元旦前后至春节后的3个多月时间内。从产区到消费者手上，需经过一段储运过程，这个过程中如果采取措施不当，容易导致甘蔗霉变，典型症状为感染部位有肉眼可见的霉斑，切开瓤部为浅黄褐色、深褐色或红色。

误食霉变甘蔗会导致中毒，轻者出现恶心、呕吐、腹痛、腹泻等消化道症状，部分患者眩晕、视物模糊、不能站立，重者出现四肢颤抖、阵发性强直抽搐，甚至昏迷。严重者1~3天内死亡或留下类似于脑炎的神经系统后遗症，失去生活自理能力。

经研究发现，误食霉变甘蔗导致中毒，是一种叫作节菱孢霉菌的微生物。它从甘蔗砍收、虫咬或其他物理创伤的伤口侵染进入甘蔗茎内，利用甘蔗的糖分等营养物质进行繁殖，并分泌一种叫作3-硝基丙酸的毒素。

3-硝基丙酸对人类的毒性属于剧毒级，中毒剂量为每千克体重12.5 mg，少儿为中毒高发人群，吃入成人中毒剂量的一半甚至更少的量就可能中毒。

甘蔗受到节菱孢霉菌侵染后，3-硝基丙酸毒素逐渐在甘蔗茎内积累，由于这种毒素稳定、不容易分解，储藏时间越长，毒素积累越多。民间有“清明后甘蔗毒如砒霜”一说，不是指甘蔗本身有毒，而是储藏时间长了积累大量3-硝基丙酸毒素，容易导致中毒。

霉变甘蔗中毒病例高发季节为每年春季 2—3 月，高发区域在河北、河南、辽宁、陕西、山西和山东等北方地区。

3-硝基丙酸毒素耐高温、不易分解，高温蒸煮可以将产毒的霉菌杀死，但其毒素不会被破坏，仍具有毒性。因此，煮过的霉变甘蔗也不能食用。

保障甘蔗食用安全的措施如下：

①新鲜甘蔗没有毒素积累，可以安全食用；

②食用经过储藏的甘蔗，要注意观察表皮是否有霉斑、瓤部是否变色，蔗茎内有黄褐色、深褐色或红色组织的甘蔗不能食用；

③市场监督管理人员可从甘蔗的硬度、瓤部色泽和气味等外观检查加强监督，防止变质甘蔗流入市场；

④控制甘蔗的储藏期是预防甘蔗中毒的关键性措施，安全储藏期以不超过 3 周为宜；

⑤甘蔗砍收后应及时用安全的涂膜防腐剂对蔗茎砍收伤口进行处理，阻止或减少节菱孢霉菌侵染，减少霉变的发生。

6. 上有仙人不知老，渴饮玉泉饥食枣

枣（*Ziziphus jujuba* Mill.）为鼠李科枣属植物，又称中国枣、红枣、大枣，原产我国，是我国具有民族特色和优势的果树珍品。

红枣适应性强，好栽易管，早果速丰，在山区、丘陵、河滩、平原均能良好生长结果，在我国分布极广。除了沈阳以北的寒冷地区外，枣树几乎遍及全国。在河南省新密市莪沟北岗遗址发掘出土的枣核和干枣，说明我国枣的利用、驯化与栽植历史已有7 000多年。《诗经·豳风·七月》中载：“八月剥枣，十月获稻。”可知我国枣产业可追溯到3 000多年前。司马迁在《史记·货殖列传》中最早记述了战国时期燕国北部和安邑枣产区，从最早的山野采摘到河流产区，成为先民赖以生计的“木本粮食”。2 000多年前战国

时期，枣产区转移到黄河中下游的滩涂、平原地区，融入黄河文明，形成红枣文化。进入21世纪，我国枣产区向西部（新疆）沙漠、戈壁转移，品质更加优异，效益更为突出，成就了我国现代红枣栽培模式和现代红枣产业。

我国枣产区的变迁不仅是社会经济发展的必然过程，更是人类不断寻找红枣最佳优生区的过程。目前新疆（特别是新疆南部）是我国红枣的主产区，面积与产量均位居全国第一。新疆枣产区的平均温度12~14 ℃，年降水量100~200 mm，光热资源丰富，以富含矿物质的天山、昆仑山雪水灌溉，红枣果实质量好，品质独特，且明显优于原产区。此外，产区完善的道路系统、防护林系统和水网系统，也非常有利于红枣规模化生产。

红枣营养丰富，富含蛋白质、脂肪、糖类、有机酸、胡萝卜素、B族维生素、维生素A、维生素C以及钙、磷、铁和环磷酸腺苷（cAMP）等诸多人体不可缺少的营养、保健成分，被赞誉为百果之王、滋补良药、减压奇果、百药之引，从古至今就有“日食仨枣，长生不老”之说。

“国家农产品质量安全风险评估专项——典型农产品品质指标体系构建与特征性指标筛选验证”项目团队2020年在全国范围内的红枣主产区进行现场调研，并选取了49个红枣样品进行主成分分析，结果发现：微量元素、膳食纤维、氨基酸、可溶性糖和环磷酸腺苷可作为干制用红枣的特征性品质指标；相比较其他产区，新疆骏枣和新疆灰枣的因子分析综合得分最高，是干制用红枣的优势产区和品种。

微量元素约有70种，指的是人体内含量少于体重万分之一的元素，包括铁、铜、锰、锌、钴、钼、铬、镍、钒、氟、硒、碘、硅、锡等。微量元素在人体内含量虽极其微小，但具有强大的生理功能，它们参与酶、激素、维生素和核酸的代谢过程。微量元素在人体内不能产生与合成，需由食物来提供，如果人们膳食调配不当、偏食或患某些疾病时，就容易缺乏微量元素。从实用营养学的观点出发，比较容易缺乏的元素是钙和铁，一些特殊地理环境或其他特殊条件也可能造成碘、锌、硒的缺乏。对各产区样品取样分析结果显示，新疆骏枣和新疆灰枣各微量元素含量均为最高（除锌元素外），其中新疆骏枣铁元素含量是其他产区的1.38~3倍，新疆灰枣铁元素含量是其他产区的1.90~4.05倍；锌元素含量与其他产区持平。新疆红枣铁含量丰富，贫血人群、生长发育高峰的青少年以及女性经常食用是很有益处的。

膳食纤维是一种多糖，具有调节血糖、血脂、改善肠道健康等功能，被营养学界补充认定为第七类营养素，和传统的六类营养素——蛋白质、脂肪、碳水化合物、维生素、矿物质与水并列。特别是随着生活水平的提高，食物精细化程度越来越高，膳食纤维摄入过少的话，易引发肠癌、便秘、肠道息肉等疾病。对各产区样品取样分析结果显示，新疆骏枣和新疆灰枣的膳食纤维含量分别为6.64%与6.76%，均高于其他产区的红枣。

氨基酸是生命中最基本的结构，是蛋白质的主要成分，可直接参与各种蛋白质的合成，对增强免疫力、强身健体非常有帮助。枣果中含有17种氨基酸，其中苏氨酸等8种是人体不能合成的必需氨基酸。对各产区样品取样分析结果显示，新疆骏枣和新疆灰枣中氨基酸含量分别为1.84 mg/100g和1.81 mg/100g，是其他产区红枣样品中氨基酸含量的1.33~1.77倍。此外，天冬氨酸和脯氨酸为甜味氨基酸，在新疆骏枣和新疆灰枣中含量均高于其他产区，这也是新疆红枣口感更甜更受欢迎的原因。

可溶性糖就是易溶于水的糖，包括葡萄糖、果糖、蔗糖，是红枣品质的重要构成性状之一，可溶性糖与酸的含量及其配比是影响果实风味品质的重要因素。对各产区样品取样分析结果显示，新疆灰枣和新疆骏枣样品中可溶性糖均近40%，而其他地区红枣样品中可溶性糖含量为20%~24%。

环磷酸腺苷是核苷酸的衍生物，是细胞内参与调节物质代谢和生理功能的重要物质，是生命信息传递的“第二信使”。有文献显示，环磷酸腺苷是红枣中最有特色的生物活性物质，含量为1.23~99.60 mg/kg，位居水果首位。研究分析结果显示，新疆骏枣和新疆灰枣中环磷酸腺苷的含量分别高达194.43 mg/kg和90.86 mg/kg。由此可见，古往今来人们把新疆红枣作为养生滋补佳品是很有道理的。

千百年来，红枣已深深融入中华民族的经济和文化生活，已成为我国最具代表性的民族果品、常用中药材及节庆用品。汉代铜镜上的“上有仙人不知老，渴饮玉泉饥食枣”可见先辈们对红枣的喜爱，相信未来在“推动品种培优、品质提升、品牌打造和标准化生产”的宏观政策指引下，新疆乃至我国红枣产业将在促进农民增收致富、增进人民身体健康、出口创汇和绿化荒山荒地中发挥越来越重要的作用。

7. 火龙果之王——黄皮火龙果

火龙果是大多数人非常喜爱的一种水果，它口感清新、降火止渴、营养丰富且热量低，是很多减肥人士的第一选择。

大家可能不知道，火龙果和仙人掌颇有渊源，它是仙人掌科量天尺属植物，可以说火龙果是特定品种的仙人掌长出的果实。

火龙果的品种主要分为红皮白心、红皮红心、黄皮白心3种，市面上常见的品种是红皮白心和红皮红心，黄皮白心火龙果较为少见。

黄皮火龙果原产自巴西、墨西哥等美洲热带沙漠地区，因为它外皮呈金黄色肉质鳞片样，也有很多人喜欢称它为“麒麟果”或者“黄金火龙果”。黄皮火龙果是火龙果品种里的珍稀品种，有人称之为“火龙果之王”。

那么，“称王”的黄皮火龙果到底有何过人之处呢？让我们一起来看下吧。

黄皮火龙果甜度高达22~25度，其他品种火龙果甜度只有15~18度。黄皮火龙果营养丰富、芳香浓郁，完全没有草腥味，可溶性固形物达24%左右。黄皮火龙果果肉是一种白色透明的状态，结构也是呈现细丝状，因此很多人也将其叫作“燕窝果”。除此之外，黄皮火龙果还有丰富的维生素和水溶性膳食纤维，润肠效果显著。

黄皮火龙果种植较困难，它不仅对空气湿度要求高，而且喜欢在带酸性的含氮土质中生长，且气温不能低于8 ℃。它的生长过程较慢，从结果到成熟需7个月左右，主要产果期（秋冬果）在春节前后，夏果则在中秋节上市。

黄皮火龙果吃起来果肉汁丰润喉，如燕窝般顺滑，略带些许香味，口口都是美味！小伙伴们，是不是都迫不及待想去尝试一下了呢？

8. 造成草莓空心的原因

造成草莓空心的原因有很多。

一是品种原因，像宁丰品种和星都一号就是空心的。

二是在生产过程中，水分或养分供应不均，可能会造成草莓空心，因为草莓表皮细胞生长速度不一样。

三是草莓空心与成熟度有关，草莓过度成熟也会出现空心。

四是使用植物生长调节剂有时也会引起空心。尽管植物生长调节剂叫作植物农药，但是只要按照国家规定使用，其残留量是非常低的，也很安全。

所以，空心草莓是正常的，可以吃。

9. 水果维生素 C

维生素是人体必需的一类重要营养物质，分为水溶性维生素和脂溶性维生素两大类。维生素 C 又叫抗坏血酸，因能防治坏血病而得名，是果蔬中含量最高的水溶性维生素。其烯醇羟基上的氢易解离，所以具有酸性。自然界中的抗坏血酸有还原型（L-抗坏血酸）和氧化型（L-脱氢抗坏血酸）两种，均可被人体利用，且可相互转换。维生素 C 对人体有多种生理功能：有助于人体创伤的愈合，维护皮肤、毛细血管的弹性；强抗氧化，能防止维生素 A、维生素 E、不饱和脂肪酸的氧化；防止和改善贫血；增强人体抵抗力；降低血液胆固醇含量；参与肾上腺皮质激素的合成与释放。

维生素 C 为水溶性维生素，而水溶性维生素在人体内不易储存，必须经常不断地补充。维生素 C 广泛存在于水果、蔬菜中，且含量普遍高于其他维生素。草莓、橙、番木瓜、番石榴、红毛丹、荔枝、龙眼、芒果、猕猴桃、柠檬、沙棘、山楂、柿子、鲜枣、柚、余甘子等许多水果都富含维生素 C，尤以猕猴桃、鲜枣、沙棘等水果的维生素 C 含量高。一个猕猴桃就能满足人体一天对维生素 C 的需要，鲜枣更被称为“天然维生素 C 丸”。需要注意的是，鲜枣制成干枣后，维生素 C 含量大大降低，由每百克数百毫克降至十余毫克。因此，想多摄入维生素 C，应多吃鲜枣，而非干枣。

食物中缺乏维生素 C，会出现坏血病，表现为毛细血管脆弱、皮肤上出现小血斑、牙龈发炎出血、牙齿动摇等。一些特殊人群需要增加维生素 C 摄入量，例如吸烟者和处于寒冷、高温、急性应激等状态下的人。人体对维生素 C 的摄入也不是越多越好，超过一定限度可能会对人体健康造成不利影响。大剂量服用维生素 C 对机体有副作用。中国营养学会 2013 年发布的《中国居民膳食营养素参考摄入量》针对不同年龄人群和孕妇、乳母，分别提出了维生素 C 的推荐摄入量和可耐受最高摄入量（表 1）。其中，1 岁以下婴儿的推荐摄入量为适宜摄入量；可耐受最高摄入量是平均每日可以摄入的最高量，超过该限量就可能发生中毒。

表 1　我国居民膳食维生素 C 参考摄入量　　单位：mg/d

年龄或分类	推荐摄入量	可耐受最高摄入量
0 岁～	40	—
0.5 岁～	40	—
1 岁～	40	400
4 岁～	50	600
7 岁～	65	1 000
11 岁～	90	1 400
14 岁～	100	1 800
18 岁～	100	2 000
孕妇（早期）	100	2 000
孕妇（中、晚期）	115	2 000
乳母	150	2 000

10. 芒果中的“香妃”桂七芒

桂七芒又名“桂热 82 号”，由广西壮族自治区亚热带作物研究所于 1994 年选育，是广西特有的芒果品种。“桂”是其原产地广西的简称，“七”则指 7 月，桂七芒成熟的月份。桂七芒因其优良的品质，在广西乃至全国拥有极高的知名度。

桂七芒果究竟有什么过人之处？下面从“望、闻、问、切”4 个角度来解读。

首先，“望”。桂七芒外形上拥有娇美“S”形身段，造型优雅。不同于其他品种，桂七芒的外皮始终呈青绿色，人们往往会误认为它还未成熟，因而遗憾错过最佳食用期。

其次，“闻”。当你走近桂七芒，立马就会被它别样的香气所折服，你一定很好奇，为什么桂七芒香气如此与众不同？芒果香气主要成分为萜烯类物质，如异松油烯、罗勒烯、柠檬烯、石竹烯等，不同品种的芒果中这些成分含量不同，散发的香气也各不相同。而桂七芒之所以拥有如此复杂的香气，是因为它富含罗勒烯，罗勒烯具有柠檬清新的香气，并带有花果香和木香的香韵，是不是很神奇呢？

再次，“问”。望过、闻过之后，大家一定好奇：什么样的环境才能孕育出桂七芒？桂七芒主产于北纬 23.5°北回归线上的“中国芒果之乡”广西百色市田东县。田东县地处右江河谷腹地，属于河谷冲积平原，年平均温度 22.2 ℃，日照充足，冬无严寒，夏无酷暑，特别适合芒果栽培种植。

最后，“切”。桂七芒不仅外观独特，口感质地更胜一筹。剥开它极具“欺骗性”的外皮，会发现桂七芒核小皮薄、汁水丰富。成熟的桂七芒不带任何酸涩味，糖度轻松达到 20%以上，赶超“水果之王”——榴莲。桂七芒果肉细腻绵软，几乎没有纤维，咀嚼后口腔里还留有淡淡的奶香，回味绵长。桂七芒有较高的营养价值，富含维生素 C、蛋白质、胡萝卜素和微量元素等。

11. 杨梅营养价值及食用技巧

杨梅为亚热带核果类常绿果树，是杨梅科杨梅属小乔木或灌木植物。明代李时珍著《本草纲目》说其“形如水杨子而味似梅，故名”。杨梅原产我国东南部，在我国已有 2 000 多年的栽培历史，主要分布在长江流域以南，北纬 20°~31°。我国是世界主要杨梅生产国，栽培面积占全球的 90%以上，主产区包括浙江、福建、江苏、广东、湖南、江西、广西、云南、贵州、四川等省区，浙江省栽培面积最大、产量最多。杨梅品种很多，依果实色泽分为着色种（包括粉红色、深红色、紫色）和白色种两大类，优良品种多数是深红色和紫色的品种，以东魁杨梅、荸荠种杨梅、丁岙杨梅、晚稻杨梅等品种栽培最广。

杨梅色泽艳丽，甜酸适口，味甘如蜜，甜中沁酸，含之生津，余味绵绵，是我国特产的江南初夏珍果。夏至前后，杨梅大量上市，是吃杨梅的好季节。杨梅营养丰富，含有糖（主要是葡萄糖和果糖）、有机酸、氨基酸、维生素、花色苷、胡萝卜素、粗纤维、矿物质（如钙、磷、铁、钾、钠）等诸多营养成分。宋代大诗人苏东坡有“闽广荔枝，西凉葡萄，未若吴越杨梅”的赞美。吃杨梅有益健康，杨梅含有的维生素、花色苷、黄酮醇糖苷等物质对人体有保健功能。《本草纲目》记载：“杨梅可止渴，和五脏，能涤肠胃，除烦愦恶气。”杨梅盐渍后有祛痰、止吐作用。

杨梅成熟后易腐烂和落果，应随熟随采。杨梅进入成熟期后，果实变软香甜，无防护环境下，果蝇喜食。正常情况下，商品化杨梅无果蝇，消费者若有疑虑，可注意两个方面：一是购买杨梅时，避免购买有损伤和过熟的杨梅；二是吃杨梅前，用淡盐水浸泡 15 分钟左右再用清水清洗后食用。

杨梅果实圆球形，果肉由多数肉柱突起聚集而成，不易贮藏，保鲜期比较短。一般，置室温下通风阴凉处，可存放 1~3 天；冰箱冷藏，可存放 3~7 天。一次不要购买太多，最好随买随吃。用于贮藏的杨梅，不要清洗，在食用前清洗即可。

12. 葡萄上的“白霜”是农药吗？

新鲜葡萄表面常有一层白色的“霜”，在清洗时滑腻难洗，很多人以为是“脏东西”，还有人认为是农药残留。这种“白霜”到底是什么，可不可食用呢？

葡萄上的“白霜”其实是果粉，是果蔬本身分泌的糖醇类物质。不同的葡萄品种，果粉的薄厚也不相同，可以帮助区分不同的葡萄品种。果粉保持完好，说明葡萄非常新鲜。

葡萄上的果粉有什么作用？

这层果粉对人体无害，对葡萄有保护作用，可以减少果实内部水分蒸发，防止果实采摘后过快失水皱缩，还可以减少致病菌的侵染。葡萄表面的果粉还含有酵母，有利于发酵制作葡萄酒。因此没有必要洗掉它。

怎样识别葡萄上的“白霜”是否正常？

果粉是葡萄新鲜的标志，果粉的分布自然均匀，而且并不覆盖葡萄表皮本身的颜色。葡萄种植过程中为防治病虫害使用的一些农药也可能会在葡萄表皮上形成“白霜”，但其分布不均匀，可能还有其他颜色的痕迹。

葡萄要怎样清洗？

先用流水将葡萄整串冲洗后，再用剪刀将其剪成方便清洗的小串，如果不嫌麻烦，可以剪成单粒，注意不要完全去蒂或刺伤果肉。然后，将其浸泡 10 min 左右，这个过程中可以加少量面粉。最后，再用清水冲洗干净即可。

13. 吃甘蔗注意事项

甘蔗口感好，营养丰富，含有多种维生素，深受人们的喜爱。

然而，甘蔗在储藏时容易受到温度和湿度等的影响，有被霉菌感染而变质的风险。霉变甘蔗果肉颜色略深，呈红褐色，就是所谓的红心甘蔗。它会产生一种叫作 3-硝基丙酸的毒素。相关研究表明，这种毒素不能通过清洗去除，在高温条件下也难以降解。

如何辨识甘蔗是否存在食用安全隐患？

如果在购买时，发现甘蔗变软了，且里面的颜色明显变深，呈现褐色或者红色，闻起来也有一股霉味或者酒糟味，说明这很可能就是霉变的甘蔗，不能再食用了。

把已经霉变的部位砍掉，是不是剩下的就可以吃了呢？答案是不能，病菌在入侵后，菌丝会延伸，就算把霉变部位砍掉，剩下的在肉眼看不到的地方，也可能已经存在毒素了。

归纳起来，大家购买甘蔗的时候可采用以下 4 种方式来判断：用眼看甘蔗瓤的颜色有没有变化；用鼻子闻味道是否正常；问销售者货物来源，储藏方式等；尝到味道不正常就一定不要再吃。

甘蔗含糖量高，因此即使美味营养也不宜多吃。一般每天吃 1~2 节就够了，再多就可能过犹不及啦！

14. 老人小孩多吃香蕉的科学道理

在生活中，大家常说香蕉是一种老少皆宜的水果，这个说法有没有科学依据呢？

（1）香蕉适合老年人食用的原因

随着年纪增大，老年人很容易患牙周病。有的老年人出现牙齿松动甚至脱落的情况，咀嚼能力减弱，只能吃一些质地柔软、易于咀嚼和消化的食物。香蕉质地软糯细腻，食用时非常易于咀嚼和消化，而且富含人体所需的碳水化合物、多种维生素和微量元素，是非常适合老年人吃的一种食物。

老年人肠蠕动较慢，常因便秘而不能及时地排出有毒物质。水不溶性膳食纤维可以刺激肠蠕动，加速排出粪便以及时排出有害物质。香蕉果肉含有水不溶性膳食纤维，常吃香蕉可以缓解便秘的症状。

（2）香蕉适合小孩子食用的原因

大部分小孩子对甜食都没有“抵抗力”，对于牙齿尚未发育完全和仍处在换牙期的小孩子而言，果肉软糯香甜可口、营养质量指数高的香蕉是一种非常适合食用的水果。此外香蕉可以做成香蕉泥、香蕉粥、香蕉沙拉等小孩子更能接受的菜式，同时还可在其中加入其他营养成分丰富的果蔬、谷物杂粮和坚果，全方位地补充小孩子生长发育过程中所需的营养。

小孩子长时间看书学习会出现眼睛发干、发涩等视疲劳症状，这跟缺乏维生素 A 有关。常吃香蕉能补充维生素 A，在一定程度上改善视疲劳的情况，还能避免因服用过大剂量维生素 A 补剂而造成的中毒现象。

维生素 B_6 参与了人体内多项生理过程，香蕉含有维生素 B_6，小孩子每天吃 1~2 根香蕉对身体是很有益的。

总而言之，香蕉因为有着软糯的口感、香甜的味道、丰富的营养成分，非常适合老年人和小孩子吃。但关于食用香蕉有一点需注意，中医认为香蕉性寒凉，脾胃虚寒者应少吃香蕉。

15. 广陈皮及其营养价值

俗语有云："广东有三宝，陈皮、老姜、禾秆草。"广陈皮是三宝之首，有着"千年人参，百年陈皮"的美誉。广陈皮主产于广东省江门市新会区，原料为茶枝柑。茶枝柑栽培品系多为大种油身和细种油身。栽植时间一般为春植（立春至立夏）或秋植（白露或寒露）。根据繁育方式不同，茶枝柑可分为圈枝柑和驳枝柑两大类（彩图 3A、彩图 3B）。圈枝柑果体小，皮薄有韧性，油包清晰密集、分布均匀，挥发油及黄酮类化合物含量比较高。驳枝柑果体较大，皮厚偏软，孔大分布不均。由于驳枝柑的抗病虫害效果好，产量高，适合规模化种植，当前以驳枝柑制成的广陈皮是市场主流产品。

茶枝柑在青柑（彩图 4A）、二红柑（彩图 4B）、大红柑（彩图 4C）3 个生长阶段分批采收，并加工成青皮、二红皮、大红皮 3 个类别的广陈皮。

①青皮。青皮是指在果皮未着色、生理未成熟时采收果实（青柑）所加工的皮，采收期在立秋至寒露。青皮外表色泽青褐色至青黑色，油室微凹入，皮薄、质硬，味辛苦、气芳香，耐储存。

②二红皮。二红皮是指在果皮开始转黄、生理仍未充分成熟时采收果实（二红柑）所加工的皮，采收期在寒露至小雪。二红皮外表色泽褐黄色至棕黄褐色，油室大而凹入，皮稍厚、质地软硬适中，味辛带苦略甜，易储存。

③大红皮。大红皮是指在果皮基本着色、生理基本成熟时采收果实（大红柑）所加工的皮，采收期在小雪后。大红皮外表色泽棕红色至红黑色，油室大而凹入，皮厚、质软，味辛带甜香，不易储存。

广陈皮中不但含有多种微量元素、维生素、果胶、生物碱等常见营养成分，还含有挥发油、黄酮类化合物等特征性的品质成分。

①挥发油。广陈皮中挥发油含量为1%~3%，主要包括D–柠檬烯、γ–松油烯、α–蒎烯以及β–月桂烯等挥发性成分，挥发油对人体有促进消化的作用。

②黄酮类化合物。黄酮类化合物是广陈皮中的重要活性成分，主要包括黄酮苷类（如橙皮苷、柚皮苷等）和多甲氧基黄酮类（如川陈皮素、橘皮素等），具有一定的抗氧化作用。

不同类别的广陈皮营养成分存在差异，青皮挥发油含量较高，适合入药煲凉茶；二红皮和大红皮营养成分含量均衡，适合饮用和烹调。另外，有研究证实，随着陈化时间增长，广陈皮中小分子挥发油成分相对减少，而大分子挥发油成分相对增加，故陈化时间越长，气越清雅，品越醇和。同时，广陈皮中黄酮类化合物有相对增加的趋势，这也说明了“陈久者良”的说法是有科学依据的。

广陈皮有两种食用方法，第一种是饮用。日常饮用通常选择性质平和、稳定的二红皮和大红皮，饮用方法如下。

①冲泡法。将一片陈皮放入盖碗、瓷壶等茶具中注入沸水冲洗

一遍，再次注入沸水静泡 30~60 秒，出汤饮用。

②煮饮法。将陈皮放入陶壶或者玻璃壶中，温水烫洗 1~2 次后，加水煮沸后再煮 3~10 分钟后饮用。

③配饮法。将陈皮搭配胎菊、普洱茶、山楂等采用冲泡法饮用。

第二种是烹调。广陈皮在烹调过程中可起到除异味、增香、提鲜、解腻的作用。可将广陈皮放入清水中浸软，刮去白囊后处理成块状或细丝，与多种食材搭配做菜，如陈皮骨、陈皮水鸭汤、陈皮绿豆沙等；还可将广陈皮直接加工成粉末作为调味品，不仅能用于烹调中式菜肴，还能搭配面包、饼干等食用。

广陈皮应储存在干燥、通风、温湿度适宜的地方。低年份广陈皮的储存要注意透气、防潮、促陈化，通常可用棉麻袋保存，也可用纸箱搭配塑料袋或棉麻袋进行存放。高年份广陈皮可以选用玻璃罐、陶瓷罐、金属罐等容器密封保存，减少陈皮压碎，但仍需要定期检查，防虫防霉。

定期翻晒是广陈皮储存过程中的必要措施。通常每年翻晒广陈皮 1~2 次，选择天气晴朗、干燥的日子，上午 10 点至下午 4 点，将陈皮置于干净容器或晒场内自然晒干。

16. 吃得明白放心之火龙果

火龙果是仙人掌科量天尺属植物，因其热情似火的颜色和酷似龙鳞的苞叶而得名。火龙果含有丰富的营养物质，如植物蛋白、膳食纤维、甜菜红素及大量的矿物质与维生素等。火龙果主要品种为红皮白心、红皮红心、黄皮白心 3 种，以红皮红心和红皮白心品种最为常见。

如何才能吃到好吃的火龙果？

首先看果皮，新鲜的火龙果表皮光滑、无虫眼、无腐烂、颜色鲜艳，红皮火龙果的果皮越红代表成熟度越高。其次看形状，要选外形饱满，手感较重的果实。最后看鳞片，鳞片薄而偏干瘪，鳞片间距宽，说明成熟度高，果实甜度高。

红心火龙果和白心火龙果谁更好？

红心火龙果的甜度高一些，口感更加软糯，甜菜红素多一些，相对于白心火龙果会略胜一筹。而由于红心火龙果含糖量更高，白心火龙果更适合想要进行体重管理的人群。

吃完红心火龙果的排泄物呈现红色，正常吗？

红心火龙果果肉里的红色主要来自叫作甜菜红素的无毒天然色素，人类的消化系统很难将其分解吸收，因此排泄物呈现红色。食用后只需多喝水，就可以解决排泄物染上色的问题啦。对于在正规商超购买的火龙果，大家可以放心食用。

17. 吃草莓前一定要用盐水泡？标准答案来了！

草莓不仅鲜美红嫩、果肉多汁，还具有较高的营养价值，深受广大消费者喜爱。

但对于爱吃草莓的人来说，清洗草莓又是一个让人头疼的问题：草莓上是否有很多细菌，是否需要盐水泡，怎样清洗才能让人放心食用？

草莓本身无皮保护，且表面凹凸不平，极易受到外界直接或间接污染。同时草莓含水量高、营养价值高并且质地柔软，为微生物的繁殖生长提供了良好条件。草莓是地栽水果，其微生物污染主要是由土壤而来。

常规洗涤不能将果蔬表面的农药残留完全除去，仅能在一定程度减少微生物数量，这与果蔬的一些特殊结构（如微观疏水区、气孔区等区域）、微生物内化有关，微生物的减少程度也与果蔬的结构、清洗方法等有关。采用扫描电子显微镜对草莓表面微生物进行观察，可以看出在草莓果肉的褶皱区有球菌和杆菌微生物附着（彩

图5）。

那么如何才能最有效地清洗掉草莓表面的微生物呢？选取一批相同环境生长的草莓，按照以下4种方法进行清洗。

方法一：自来水连续冲洗5分钟；

方法二：5%氯化钠溶液（盐水）浸泡5分钟，然后自来水清洗30秒。

方法三：0.2%含氯消毒剂（二氯异氰脲酸钠）浸泡5分钟，然后自来水清洗30秒。

方法四：0.2%日常有机清洗剂浸泡5分钟，然后自来水清洗30秒。

清洗后，四川省农业科学院质量标准与检测技术研究所的科研人员对草莓的细菌总数、大肠菌群、霉菌进行比较，选取草莓中检出率较高，最有代表性的4种微生物（铜绿假单胞菌、黏质沙雷菌、泛菌、阴沟肠杆菌）进行结果分析。

最终结果显示，无论是从卫生指示菌总数还是从草莓表面个别微生物的总量控制来看，使用盐水和含氯消毒剂的清洗方法更为有效，消除能力更高，细菌总数相较于其他清洗方法可以减少5倍的数量级，对其他微生物的减少量也在2.0~2.5 log CFU/g，但使用含氯消毒剂清洗草莓后，消毒剂会有一定残留。

综合实验结果以及家庭日常果蔬清洗的实用程度来看，盐水浸泡是较为有效且方便的方法。同时，各类家庭常用有机清洗剂对阴沟肠杆菌、铜绿假单胞菌、泛菌和黏质沙雷菌的清除结果相较于其他清洗方法效果较弱。考虑其残留效应，不推荐在果蔬清洗中频繁或大量使用。

最后为大家提供一个盐水浸泡的参考比例：1 L水加50 g盐，大概就是一瓶矿泉水加两盖子盐，浸泡5分钟冲洗后即可食用。

18. 农产品全程管控之葡萄熟了

为省时省力，种植者常同时将多种农药混用，如使用不当，可能造成多种农药残留同时存在，并超过安全标准，形成质量安全隐患。种植者应根据葡萄病虫害的发生种类和情况，选用高效、低毒、低风险的农药品种，掌握关键防治时期，轮换使用不同作用机理的农药，延缓抗药性的产生。严禁使用国家明令禁止的农药。

葡萄安全生产的关键技术如下。

（1）合理密植

提倡先密后稀，科学的密度是每亩 260 棵逐渐减少到 16 棵。

（2）控产提质

每亩控产 1 000~1 500 kg，穗重 400~750 g，及时定穗、整穗、疏果。

（3）设施栽培

南方雨水多、湿度高，极易发生病害，长江以南地区种植葡萄必须实行避雨设施栽培。

（4）绿色防控方法

①粘虫色板诱杀。在葡萄的整个生长期均可以使用，可用蓝板诱杀果蝇、蓟马，用黄板诱杀叶蝉和蚜虫。

②性诱剂/诱杀剂。每亩悬挂诱捕器不少于 2 个，每个诱捕器装有诱芯 1 个，诱捕器下端距地面垂直高度 1. 5 m，每月更换 1 次诱芯并及时清理诱集的害虫。

③杀虫灯诱杀。可用频振式杀虫灯诱杀，一般每 30 亩范围内设置 1~2 盏频振式杀虫灯，用于防治葡萄透翅蛾、绿盲蝽等害虫。

④保护天敌。加强寄生蜂、花蝽、草蛉、姬猎蝽等天敌的保护。选择对天敌安全的农药或生物制剂。

⑤套袋。设施栽培葡萄选择纸袋或无纺布袋，露地栽培葡萄应

选用耐风吹雨淋、不易破损、有较好透气性和透光性的纸袋。在葡萄坐果稳定、果穗整形后立即套袋，一般在葡萄开花后20~30天。套袋时尽量选择晴天，避开露水、药剂未干及中午强光时段。疏果后、套袋前应喷1次保护性杀菌剂，待药剂干后进行套袋。摘袋时间应根据品种决定。

种植者要做到合理科学用药，应使用已在葡萄上登记使用的农药，按照农药标签施用，遵循“预防为主、综合防治”的基本原则，提倡“前重后保”，注意8个关键防治时期：休眠期、萌芽期、展叶期、花序生长期、谢花后、浆果生长期、成熟期、枝蔓老熟期。严格控制农药安全间隔期、施药量和施药次数。科学使用植物生长调节剂，在葡萄上已登记的植物生长调节剂有S-诱抗素、氯吡脲、萘乙酸、赤霉酸、烯腺·羟烯腺、噻苯隆、吲哚丁酸、丙酰芸苔素内酯。

第二章　蔬菜

1. 芦笋营养价值

芦笋（*Asparagus officinalis* L.）是天门冬科天门冬属雌雄异株多年生草本植物。它质地柔韧、味道鲜美，具有低糖、低脂肪、高纤维的营养特点，有“蔬菜之王”的称号。芦笋在我国市场的兴起，要追溯到 20 世纪 70 年代，伴随着我国沿海地区手工业、服务业等领域的兴起，其开始逐渐被江浙沪等地区人们接受。近年来随着我国全民健康意识的提升，芦笋开始被越来越多的国内消费者所认同。

市面上芦笋更可能的性别是什么呢？

市面上购买的芦笋更可能为雄株。雄株产量高、可采收年限较长；而雌株因开花晚、开花结果消耗营养物质多等原因导致市场占比较低。

除丰富的维生素及矿物质外，芦笋主要的活性成分是多糖、黄酮、皂苷 3 类功能物质，国内外科学家正开展其抗肿瘤、调节免疫效果的研究。

①芦笋多糖。多糖是一类醛糖或酮糖通过糖苷键连接形成的天然高分子物质，分子量通常在几千到百万，种类繁多。芦笋多糖主要存在于芦笋茎部，组分包括阿拉伯糖、鼠李糖、果糖、木糖等，研究表明其具有抑制肿瘤细胞生长、激活巨噬细胞、调节免疫、清除自由基、抑制脂质过氧化、抗衰老的作用。

②芦笋黄酮。黄酮类化合物含有多电子羟基，是天然的抗氧化剂。芦笋中黄酮主要存在于芦笋尖部，组成包括芦丁、槲皮素、香

橡素等，对羟自由基、超氧阴离子自由基、DPPH 自由基具有清除作用，起到抗衰老、增强免疫力的效果。

③芦笋皂苷。皂苷是三萜类或螺旋甾醇类化合物的一类糖苷。芦笋中分离的皂苷单体丰富，研究表明其中的菝葜皂苷元、亚莫皂苷元等物质可以通过诱导肿瘤细胞凋亡起到抗肿瘤的作用。

芦笋的食用部位为地上的嫩芽，分类时按照颜色不同，分为绿芦笋、白芦笋、紫芦笋 3 种。

①绿芦笋。我国的种植和食用以绿芦笋为主，它也是最有营养的芦笋种类。经研究证明，维生素主要分布在芦笋的尖部，氨基酸主要分布在主茎和尖部，整笋的营养高于去皮笋。绿芦笋功能成分的含量是高于白芦笋的。

②白芦笋。白芦笋的形成原因是植株生长过程中地上茎被人为埋在土中，不接触阳光导致黄化，它被称为“可以食用的象牙”。为了方便食用，欧洲国家发明了芦笋专用剥皮器和沥水架，还有针对白芦笋甜咸党派的大讨论，可见人们对它的热爱程度。

③紫芦笋。紫芦笋因口感微甜、纤维感弱，十分适合作为水果或零食享用，是目前唯一能够生吃的芦笋类型，也称为水果型芦笋。紫芦笋个体略大于绿芦笋，鲜嫩多汁、清香爽口。它可以在日光下生长，因表皮含有花青素而呈现漂亮的紫罗兰色，内芯呈淡绿色。

2. 豇豆的营养特点与食用价值

豇豆是豆科豇豆属豇豆种中能形成豆荚的栽培种，俗称长豆角、裙带豆等，因其适应性广且耐热，在我国除西藏等少数高寒地区外，几乎全国都可露地栽培，是我国主要的豆类蔬菜，也是人们餐桌上的美食之一。李时珍曾称赞：“此豆可菜、可果、可谷，备用最好，乃豆中之上品。”

豇豆在中国最早的记载见于公元 3 世纪初三国时期张揖所著

《广雅》一书，而在东汉前期许慎所编撰的《说文解字》中未见“豇豆”的记载，由此可推论，豇豆应是东汉后期沿丝绸之路引入中国的。到了北宋时期，许多论著和诗文中也有了关于豇豆的描述。一直到了明代，《救荒本草》《本草纲目》《便民图纂》等书志中相关记载更为繁多，可见明代豇豆的种植已经十分广泛。自此以后，随着豇豆品种类型的增多、栽培技术的推广普及，豇豆已成为“嫩时充菜、老则收籽”“以菜为主、菜粮兼用”类型的豆类作物。

豇豆果实外形细长匀称，犹如古代女子紧束衣裙的腰带，因此豇豆就有了一个好听的名字“裙带豆”。国外一些国家把豇豆当作爱情的象征，男女婚礼交换物品中均少不了豇豆的身影。在我国，豇豆也是一些文人墨客抒发情怀的对象，明清诗人吴伟业在其《豇豆诗》中写道：“绿畦过骤雨，细束小虹蜺。锦带千条结，银刀一寸齐。贫家随饭熟，饷客借糕题。五色南山豆，几成桃李溪。”这首诗就描写了一场春雨过后，豇豆如千条锦带飘舞的美丽田园风光，也描述了农家百姓用豇豆作为菜肴款待宾客、其乐融融的田园生活景象。

豇豆营养价值丰富，富含植物蛋白、碳水化合物、矿物质、多种维生素以及多种微量元素。

①豇豆中的蛋白质。蛋白质是组成人体一切细胞、组织的重要成分。机体所有重要的生理活动都需要有蛋白质的参与。植物蛋白是蛋白质的一种，来源于植物，营养全面，与动物蛋白相仿，易被消化吸收。不同蔬菜蛋白质含量不同，在《中国食物成分表》中，新鲜豇豆中蛋白质含量约为2.7 g/100 g，是辣椒、黄瓜、番茄的3~4倍，是胡萝卜的2~3倍。因此，豇豆等豆类蔬菜是我们摄入植物蛋白的重要渠道之一。

②豇豆中的维生素。豇豆富含维生素C、维生素B_1、维生素B_2等多种维生素。其中，维生素A含量为42.0 μg RE/100 g，维生素E含量为4.39 mg/100 g，高于所有豆类蔬菜。维生素A有促进生

长、繁殖，维持骨骼、上皮组织、视力和黏膜上皮正常分泌等多种生理功能。维生素 E 又称生育酚，能抗氧化和防癌，延缓衰老，滋润肌肤减少皱纹，调节内分泌等。

③豇豆中的微量元素。微量元素是人体所必需的营养素，可以促进营养吸收，缺少这类元素人类将不能健康生长。豇豆中含有钙、磷、镁、钾、钠、铁、锌、硒、铜、锰等大量和微量元素，其中钙和磷的含量较高。钙和磷能维护骨骼健康，调节神经系统功能，调整血压。

中医上讲，豇豆性平、味甘咸，归脾、胃经；具有理中益气、健胃补肾、和五脏、调颜养身、生精髓、止消渴的功效；主治呕吐、痢疾、尿频等症。豇豆是很好的食补材料。

豇豆的嫩豆荚和豆粒味道鲜美，深受人们喜爱，食用方法多种多样。嫩豆荚可炒食，也可凉拌，另外还可腌制、速冻、干制、加工成罐头等。干种子可以煮粥、煮饭、制酱、制粉。下面推荐 4 种豇豆的常见加工及食用方法。

①凉拌豇豆。豇豆蒸熟后晾凉，拌着各种调料吃，不但口感清爽，而且少油省时，特别适合夏天食用，可任意调配口味，或酸或辣。

②肉丝炒豇豆。肉切丝腌制几分钟，豇豆切段；锅中倒适量植物油，油热倒入肉丝快速划散，让肉丝分开，略微变色后，投入葱花，转大火，将肉丝炒到完全变色，酱油调色；豇豆入锅，翻炒均匀后，倒入热水，转小火，焖几分钟，撒少许盐收汁出锅。

③酸豇豆。豇豆清理干净后掐掉根处，充分晾晒；在洗菜盆里放进一小把生盐，用力搓揉豇豆，使豇豆变为鲜绿色；锅中倒进冷水，放进麻椒、八角、辣椒干，烧开后放凉，随后添加盐和高度酒；把搓好的豇豆用冷水冲一下，除掉表层的盐粒，随后放进密封性器皿中，倒进调好的料水，用菜盘压在豇豆上，盖上密封性的外盖，放置在阴凉遮光的地方 7 天左右即可。

④干豇豆。洗净新鲜的豇豆后，将它们晾干表面水分，铺晒，晒成豇豆干。不必加盐，晒干以后收拢并放在干燥的地方即可。食用前用冷水洗净后用温水浸泡，即可烹饪成为各种菜肴。

豇豆作为一种外来蔬菜作物，经过历史的沉积和岁月的洗礼，已经成为我国人民生活中必不可少的美味佳肴。闲暇时刻，一盘豇豆菜肴，观形看色、品其美味，再了解一些背后的人文历史故事，平凡生活中享农耕情怀，也不失为一种人生乐趣！

3. 野菜中的“贵族”，餐桌上的“珍馐”——细说香椿

香椿为楝科香椿属落叶乔木，是我国重要的木本风味植物资源，已有2 000多年的栽培历史，在我国古代曾与荔枝作为南北两大贡品，深受宫廷贵人喜爱。我国大部分地区均有种植，尤以山东、河北、河南和安徽居多，其中以安徽太和香椿、山东西牟香椿、河南焦作红香椿、河北鹿泉香椿、北京房山上方山香椿、北京门头沟泗家水红头香椿等最为著名。受气候、土壤等生长栽培条件影响，各产地香椿的营养及感官风味有所不同，对香椿芽叶呈味特性影响较大的物质主要集中在醇类、酯类、醛类和萜烯类化合物。

香椿芽的采收节令性强、采收期短，俗话说“雨前椿芽嫩无丝”，头茬香椿芽最金贵，品质特佳，产量低，价值高；二茬香椿芽产量高，品质稍次。香椿嫩芽水分含量高，采后呼吸旺盛，容易发生萎蔫、脱叶和腐烂等现象，且在贮藏过程中硝酸盐及亚硝酸盐易富集，导致贮藏和运输难度较大，严重制约了香椿产业的发展。为延长香椿芽货架期，可通过紫外线照射、贮藏前焯水等方法保持其风味和品质。紫外照射可以有效地保持香椿芽的特征风味；经焯水常温和焯水冷藏方法处理后，香椿芽中的亚硝酸盐含量明显低于新鲜常温和新鲜冷藏方法。

作为舌尖上的美味，香椿芽既可制成椿芽茶，又可调拌成面食。

另外，香椿芽还有炒、拌、蒸、炝多种吃法。香椿芽鲜嫩可口，和鸡蛋是最佳组合，比如香椿芽焖蛋、香椿芽炒鸡蛋等。典型的香椿菜肴有北方的香椿拌豆腐、香椿煎鸡蛋，还有多种风味小吃，如久负盛名的传统菜炸香椿鱼、香椿竹笋、煎香椿饼、椿苗拌三丝、香椿鸡脯、香椿豆腐肉饼、香椿皮蛋豆腐、香椿拌花生、凉拌香椿等，总有一款能撩动你的味蕾。吃香椿芽就像是一场和春天赛跑的游戏，二茬香椿芽少了些幼嫩，多了些香浓，这个时候的香椿可以用来拌豆腐。

香椿芽虽味美，但食用香椿芽也可能存在安全隐患。有资料表明，香椿芽中硝酸盐和亚硝酸盐的含量都较高，容易导致食用者亚硝酸盐中毒，硝酸盐在特定情况下很容易被还原成亚硝酸盐，亚硝酸盐进入人体后，在胃酸作用下与蛋白质发生反应，可生成致癌物亚硝胺。所以，在食用前了解一些注意事项。第一，选择最嫩的香椿芽。嫩香椿芽亚硝酸盐含量少，不易引起中毒。第二，选择最新鲜的香椿芽。随着储存时间的延长，硝酸盐会部分转化成亚硝酸盐进而导致亚硝酸盐含量增多，增加安全隐患，故应选择新鲜的香椿芽，如果香椿芽一碰就掉落，说明已经产生了大量的亚硝酸，应避免食用。第三，食用前焯水。将香椿芽在沸水中焯烫 1 分钟左右，可以除去 2/3 以上的亚硝酸盐，同时还可以更好地保持它的色泽。即使是冷冻储存，香椿芽也应在速冻前先焯烫 50 秒左右，这样不仅安全性大大提高，且维生素 C 也能得以更好地保存。第四，与维生素 C 搭配。维生素 C 可阻断亚硝胺的形成。

此外，香椿虽味美且营养价值高，但并不适合所有人群。香椿为辛香发物，食用后易诱使痼疾复发，故慢性疾病（如肾衰、慢性炎症等）患者或过敏体质（如过敏性紫癜等）应少食或不食。

香椿除了应用于药物和食品中之外，在园林中也常用作绿化树种，是广受欢迎的珍贵材料。作为多功能珍贵树种，近年来，香椿在低效林改造过程中受到越来越多的重视。有研究表明香椿具有中等耐盐性，丘陵山区柏木低效林改造过程中，林窗补植香椿可有效改善林内环境和土壤肥力，加快林木细根分解和养分释放，促进林分自然更新，提升生态系统服务功能。

4. 鸡头米科普

一塘蒲过一塘莲，荇叶菱丝满稻田。
最是江南秋八月，鸡头米赛蚌珠圆。
——《由兴化迂曲至高邮七截句》[清] 郑燮

8 月下旬的苏州，暑气渐消，秀水泱泱，微波荡漾的水面上，铺满了墨绿色的圆叶，破叶而出的蓝紫色花朵为静美的景象增添了几分妖娆。这种睡莲科芡属水生蔬菜，便是当下活跃于苏州人餐桌上的时令珍馐——鸡头米。

鸡头米，学名芡实，因其球形浆果上的绿瓣状如鸡头，老百姓习惯叫它“鸡头米”。芡实有南北芡之分，北芡基本为野生种，它的茎叶、花苞和浆果的表面都生有细刺；南芡植株除叶脉、叶背外其他部位均无细刺，也称“苏芡”。紫花苏芡是苏州地区的主栽品种，盛夏开花，8—9 月结果，通常于农历八月大量上市。

新鲜的鸡头米极易破皮流汁，因此剥鸡头米也是一门技术活。剥鸡头米的工人需要佩戴特殊的铜制刀，将拳头大小的果实剥开果皮，露出里面藏着的近百粒橙色“小珍珠”，小心翼翼地剔除种皮后，一粒粒圆润如玉的种仁才能显露出来。苏州人饮食喜新嗜鲜，讲究不时不食，苏州的鸡头米虽然不是地域独有，但它就像吴侬方言一样软糯，是老食客才懂的美味。锅中清水微微沸腾，放入新鲜的鸡头米，短短数十秒，便足以唤醒它的清新弹糯。

鸡头米有哪些营养成分呢？鸡头米素有“水中人参”的美誉，刚刚剥出来的鸡头米水灵光润，水分含量能够达到 60%以上，吃上去口感鲜嫩。它的主要营养成分是淀粉，苏州的鸡头米支链淀粉与直链淀粉含量比值一般能达到3.0，嚼起来软糯、有弹性。吃鸡头米不用担心长胖，因为它的脂肪含量较少，且多为不饱和脂肪酸，较易被人体消化吸收。鸡头米中的氨基酸种类丰富、配比均衡，总酚、黄酮等抗氧化成分具有一定的保健作用。尝一碗桂花糖水鸡头米，用味蕾去感受季节的变更，这便是苏州人的秋天。

5. 香菜的营养价值和食用方法

香菜，又名芫荽、胡荽、香荽，为一年或两年生草本植物，属于双子叶植物纲伞形目伞形科芫荽属，开花前的香菜是人们熟悉的提味蔬菜，状似芹菜，叶小且嫩，茎纤细，味郁香，多用作汤、凉菜的佐料。

香菜原产欧洲地中海沿岸及中亚地区，我国西汉张骞出使西域时将此物种带到中国。香菜在世界各地品种繁多，但主要分为大叶和小叶两个类型，大叶品种植株较高，叶片大，产量较高；小叶品种植株较矮，叶片小，香味浓，耐寒，适应性强，但产量较低。当年张骞从西域带回来的香菜是哪个品种仍有待考证。

人们对于香菜的态度褒贬不一，喜欢它的人恨不得每样菜里都加点香菜来提味，而讨厌它的人觉得其味道像臭虫。科学研究表明，这是基因在作祟，讨厌香菜的人拥有一个名为 *OR6A2* 的基因，对香菜中的醛类物质十分敏感，所以，并非这些人挑食，他们也很无奈啊！

无论喜欢与否，香菜的营养价值确实不容小觑。香菜内含有丰富的钙、磷、铁、镁等矿物质，胡萝卜素、维生素 C、维生素 B_1、维生素 B_2、氨基酸等的含量也不低，其中胡萝卜素的含量比番茄、菜豆、黄瓜等高出 10 倍多，维生素 C 的含量也比普通蔬菜高很多，一般人 1 天食用 10 g 香菜叶就能满足人体每天对维生素 C 的需求。

《本草纲目》称香菜“辛温香窜，内通心脾，外达四肢，能辟一切不正之气”。

香菜的食用方法有以下 3 种。

①做成可口食品。可以依据各自的喜好，将香菜凉拌、热炒、做热汤配料、包饺子等。如果想要用香菜来食疗，健胃消食、发汗透疹，还是做热食食用更好。

②煮香菜汁。将香菜洗净切碎，放入锅里加水煮 10 min，然后滤除叶子即可饮用。

③巧食香菜根。香菜根中含有挥发油、多酚类、皂苷类、生物碱类成分。人们食用香菜时，如果把根扔掉的话，也是一种浪费，可以将它用作祛除各种肉腥味的佐料，或直接做成各种菜肴，或煮水代茶饮也是不错的选择。

6. 花椒除了调味，还有这些神奇功效

说起四川的花椒，大多数人的第一反应是汉源花椒，但其实花椒在四川产地分布极广，包括川西、攀西和川中等地区。品种繁多、产地不一的花椒到底有何差别？笔者分别从四川省甘孜藏族自治州九龙县和四川省成都市的本地市场选购了 5 种花椒，送到四川省农业科学院分析测试中心，对其中各种重要的元素和指标进行检测。辛麻味是花椒重要的风味特征，也是评定其品质优劣的重要指标之一，研究表明，花椒的麻味主要由其中的不饱和脂肪酸酰胺也就是麻味素所产生。测试发现，5 种花椒样品的酰胺类物质总量有明显的差别，含量越高，口感越麻。挥发油是影响花椒香味的重要成分，测试发现，5 种样品的花椒香味也各有不同。综合多项指标，我们可以看出甘孜州九龙花椒在各方面综合指数较高。

到底应该如何选购花椒呢？选购花椒主要根据消费群体的喜好，可以选择鲜花椒和干花椒。喜欢香浓、麻味高的消费者，可以选购

干红花椒；喜欢清香、麻味较轻的消费者，可以选购鲜青花椒；而喜欢清香、麻味较轻且回味不苦的消费者，可以选购鲜藤椒。

正所谓麻辣麻辣，麻和辣离了谁都不行。因此在川菜中，花椒是如众星捧月般的存在。花椒除了是生活中的重要调味品，也具有相当大的药用价值。从温中行气到逐寒止痛再到抑菌杀虫，甚至是减肥，花椒简直是无所不能。花椒水减肥对寒湿体质引起的肥胖可能有一定的效果，但是使用前最好要先咨询医生。

7. 反季节蔬菜的营养不如时令蔬菜高吗?

楼道里堆积着成垛的大白菜，地窖里残存有冒芽的马铃薯，“糠心”大白萝卜打上餐桌主力，这些都是20年前的场景。如今的菜市场货架上，每天都堆满了鲜嫩的小黄瓜、彤红的番茄、圆乎乎的辣椒、叶子舒展的油菜和油麦菜，这些违反季节规律的蔬菜究竟是从哪儿来的？它们的营养价值会不会大打折扣？

所谓反季节蔬菜，是指在某个地区的传统收获季节没有的蔬菜，比如北方，冬天吃到的大部分新鲜蔬菜都是反季的。

反季节蔬菜都有哪些来源呢？

第一种是异地种植。把南方的应季蔬菜运到北方，对于北方人民来说就是反季节蔬菜。

第二种是大棚种植的蔬菜。在大棚里，人为地去“山寨”一个植物生长所需要的条件，就可以生长出各种各样的蔬菜瓜果。

第三种是反季销售的蔬菜。这种蔬菜其实是当地应季生长的，只是采取了保鲜措施放到反季的时候再销售。

反季节蔬菜口感上跟时令蔬菜有何不同？

反季节蔬菜没有那种香甜味，这并不是你的心理作用，反季节蔬菜的成分跟时令蔬菜确实有差异。比如，大棚番茄的糖含量确实比较低，这是因为番茄中糖储备跟温度有着密切关系。实验证明，在 27 ℃左右条件下生长成熟的番茄中的果糖和蔗糖含量要显著高于其他温度下生长的番茄。除了含糖量，温度还会影响番茄的香气物质，一般成熟期要在 20 ℃以上才能更好地积累香气物质，成熟之后，储藏过程中的温度过低同样会导致香气物质含量下降。光照也会影响番茄的糖含量。再比如，辣椒的品质受光照强度的影响，当实验光照降低为夏季自然光照的 55%时，辣椒素的含量会出现明显的下降。

大棚蔬菜受到天时的制约，口感会受到影响，那为啥在南方大田种植的蔬菜味道也不一样呢？因为运输也会对蔬菜的口感造成影响。比如，为了保证在南方大田种植的时令番茄不被挤压损伤，在番茄未完全成熟时就被“请”进了包装盒。番茄中的己烯醛和己醇等风味物质会随着果实的成熟逐渐增加，那些没有完全成熟的南方番茄，自然要差那么点香味了。

反季节蔬菜与时令蔬菜的营养有什么差异呢？光照和温度确实会影响蔬菜中维生素、蛋白质的含量，但是相对于口感，这种营养的变化对我们的影响要小得多。维生素 C 只有 10%的变化，在100 g 的黄瓜中相差不到 2 mg。如果觉得营养不足的话，多吃个橙子或者一两片大白菜叶就能补回来。

那能不能开发适应低光照和低温的优质品种呢？这是科研人员正在做的事情。未来的反季节蔬菜将会在口感和营养上缩小与时令蔬菜的差距。

8. 叶菜安全知多少：长时间浸泡叶菜行不行？

许多人通过长时间浸泡法，以求去除叶菜中可能的农药残留。

浸泡时间越久越好吗？

目前用于叶菜的农药以脂溶性农药为主，传统用水浸泡的方法，只能去除叶菜表面的水溶性农药，却难以除去其表面的脂溶性农药。

若是浸泡时间过久，还会造成蔬菜中的许多水溶性维生素，如维生素C、B族维生素损失。在浸泡过程中，水溶性农药会溶解在水中并形成具有一定浓度的水溶液，若浸泡时间过久，则很有可能导致水中的农药被叶菜重新吸附。

如何正确地去除农残？

①焯水。将叶菜洗净后，焯水1分钟，可一定程度上去除农药残留、虫卵和致病微生物，且不会对营养成分造成太大的损失。实验表明，用淡盐水进行焯水，效果更佳。

②弱碱性水漂洗。弱碱性水有淘米水、面粉水以及小苏打水。绝大多数的农药在碱性条件下容易分解，使用这类弱碱性水漂洗叶菜，其农残清除率要比普通的清水稍高一些。淘米水本身有一定黏性，可一定程度上吸附叶菜表面附着的化学物质。一般将叶菜在淘米水中浸泡10分钟左右，再用清水冲洗干净，可有效减少叶菜表面的农药残留。

③活水冲洗。用活水冲洗叶菜替代长时间浸泡叶菜，不仅可以提高农残清除率，且不会造成营养成分的大量损失。人们习惯于先切后洗，觉得这样清洗更干净。但是，切菜后会在蔬菜表面形成刀口等破损，再进行清洗浸泡会加速其营养素的氧化和可溶物质的流失，使蔬菜的营养价值降低。清洗过程中，一些农药残留等也有可能会黏附在破损上。因此，先洗后切、随用随切，最为科学。洗菜用温水更好，温水比凉水更容易去除叶菜表面的残留农药。农药中的氨基甲酸酯类杀虫剂也会随着温度升高而加快分解。

④超声波清洗法。其原理是在水中以每秒几万次的速度产生很多空化气泡，气泡不断产生，不断爆破，带动液体高速流动冲击清洗叶菜表面，使农残或其他杂质脱离叶菜本身。超声波的穿透力很强，能够轻松应对叶菜坑洼不平的表面，超声空化气泡产生的瞬间局部高温高压，可以破坏一些农药的分子结构，同时也会让部分水分子分解为游离氧原子和羟基，而游离氧原子可以对农药残留起到

氧化分解的作用。

在购买叶菜之前，可以闻一闻它的味道，如叶菜的气味异常，略有刺鼻气味，可能是由于农残所致；略有腥臭味，可能是浇灌未腐熟的肥料所致。另外，带有虫眼的叶菜，并不表示没有打农药，因此有没有虫眼不能作为判断叶菜是否安全的标准。

9. 蔬菜的营养与健康

蔬菜分为绿叶菜类、白菜类、根菜类、豆类、瓜类、葱蒜类、茄果类、薯芋类、多年生类、水生蔬菜类、芽菜类、野生蔬菜类、食用菌类、其他类。

蔬菜含水量 65%～95%，能量低，含有维生素（B 族维生素、维生素 C、叶酸等）、矿物质（钾、钙、镁、磷等）、膳食纤维（纤维素、半纤维素、果胶等）和植物化学物（类胡萝卜素、酚类、萜类、含硫化合物、植物多糖等）等营养物质。

蔬菜是 β–胡萝卜素（可转化为维生素 A）、维生素 C、叶酸、钙、镁、钾的良好来源。多摄入蔬菜可以降低心血管疾病、食管癌和结肠癌的发病风险。

健康膳食要求如下。

①吃新鲜的蔬菜，每天 300～500 g。蔬菜含有氧化酶，长期储存会使其维生素 C 的含量不同程度地下降。

②深绿色、红色、橘红色和紫红色等深色蔬菜应占蔬菜摄入量的 1/2 以上。深色蔬菜中 β–胡萝卜素、维生素 C、维生素 B_2 含量较高并含有更多的植物化合物。

③选择不同颜色、不同品种的蔬菜，每天 5 种以上。品种多样，满足人体营养需要。

健康烹饪要求如下。

①先洗后切（降低营养素损失）。维生素和矿物质等溶于水，

应避免长时间浸泡造成损失。

②避免炸、烤等烹饪方法。这些方法使食材营养素损失，产生有害物质。

③不用铜器。铜与维生素会产生反应。

④急火快炒。降低维生素损失。

⑤开汤下菜。维生素 B、维生素 C 对热敏感。

⑥加醋烹调或淀粉勾芡。保护维生素或降低营养素损失。

⑦炒好即食。

⑧避免反复加热。反复加热会使蔬菜营养素损失，亚硝酸盐增加。

10. 新鲜果蔬的储存之道

古人云“道法自然”，这是在自然法则的基础上，总结出来的生命原则和事物规律。这个原则和规律，适用于任何有生命体的事物，包括果蔬。大多数的上班族工作繁忙，只有在周末有时间一次采购整冰箱的菜，美其名曰“囤菜”。殊不知，买回来的果蔬，因储存不当，稍有不慎，就会造成浪费；更有甚者因不舍丢弃储存不当的果蔬，吃下后引起食物中毒。

科学家是如何保证果蔬新鲜的呢？

①预冷。预冷对保持采后叶菜品质效果明显。当环境温度高于15 ℃时，应在采收后尽快对叶菜进行预冷，预冷温度为0~5 ℃，使菜心温度降至储藏温度即可。可采用通风预冷（相对湿度>90%）或冰水预冷（水质应清洁、无污染）；无条件时可在空调屋内进行预冷。预冷组与未预冷组不同天数下的区别如彩图 6 所示。

②包装。宜采用包装箱、保鲜袋、保鲜膜包装，防止失水和污染；将同等级的叶菜放置在塑料周转箱或纸箱内，包装内产品定量摆放整齐。包装容器的外观应明显标识产品名称、等级、规格、

产地、包装日期和储存要求。标注内容要字迹清晰、牢固、完整、准确。有条件的可采用专用微孔保鲜袋配合果蔬保鲜卡包装，延长保鲜期。对照组与保鲜袋包装组的区别如彩图 7 所示。

③储藏。采收后不能及时销售的叶菜可包装后置于冷库，采用冷藏或气调储藏，其中冷藏温度以 0~5 ℃为宜，气调储藏中的氧气为 3%~6%、二氧化碳为 5%~10%，储藏库内的相对湿度为 90%~98%。原理：在有氧的条件下，果蔬中的糖类或其他有机物质氧化分解，产生二氧化碳和水分，并放出大量热量；在缺氧的条件下，糖类不能氧化，只能分解产生乙醇、二氧化碳，并放出少量热量。因此，要想将果蔬放在塑料袋里储存，就需要隔两三天把塑料袋的口打开，放出二氧化碳和热量，再把口扎上，这样就会减少腐烂变质现象的发生。

对于家庭保鲜的建议如下。

①分类。建议根据不同叶菜保鲜期限和家庭人口数量按比例分类采购。具体可参考下表。

不同叶菜保鲜期限

叶菜类别	保鲜期限
青菜、茼蒿、菠菜、生菜、油麦菜、韭菜、小白菜、蒜黄等	短（2~5 天）
娃娃菜、芹菜、莴苣等	中（10~20 天）
甘蓝、大白菜等	长（数月）

②处理。摘掉腐败的叶子，检查叶菜上是否有明显的水珠残留，如果有，摊开蔬菜晾干表面后再用保鲜膜或保鲜袋封口包装，放入冰箱冷藏室的保鲜格，可将易腐蔬菜的保鲜期延长 2~3 天。

③注意。叶菜不要贴近冰箱内壁，避免受冻伤。避免叶菜被其他食材压到，导致机械损伤，加速衰败进程。避免放置蔬菜的冰箱内部被塞满，应适当留出空隙，有利于冷气循环。每种蔬菜对于温

度、湿度要求不同，如黄瓜、苦瓜、豇豆、南瓜等喜湿蔬菜，适宜存放在 10 ℃左右的环境中，但不能低于 8 ℃；绝大部分叶菜喜凉，适宜存放在 0~5 ℃环境中，但不能低于 0 ℃。水培青菜的保鲜记录如彩图 8 所示。

生活中储存果蔬的小窍门如下。

①生菜可将菜心摘除，然后将湿润的纸巾塞入菜心处让生菜吸收水分，等到纸巾较干时将其取出，再将生菜放入保鲜袋中冷藏。

②梨用 2 层软纸分别包好，将单个包好的梨装入纸盒，放进冰箱内的蔬菜箱中，1 周后取出来去掉包装纸，装入塑料袋中，不扎口，再放入冰箱冷藏室上层，温度调到 0 ℃左右，一般可存放 2 个月。

③柠檬可切片后放入制冰格中冷冻，做成柠檬冰块，做饮品时直接放入，清新爽口。

④常温可保存的水果有凤梨、葡萄、柳橙、橄榄、青枣、苹果、西瓜、橘子、椰子、葡萄柚、甘蔗等，无须占用冰箱宝贵的空间。

第三章　粮油产品

1. 你了解鲜食玉米吗?

玉米从用途和收获物上可以分为青贮玉米、籽粒用玉米、鲜食玉米三大类型。鲜食玉米是指像蔬菜、水果一样收获和食用其鲜嫩果穗的玉米，也叫作水果玉米、菜用玉米、蔬果玉米。其和普通玉米的区别是它具有特殊风味和品质，有嫩、甜、糯、香等特点。鲜食玉米按植物学可以分为甜玉米、糯玉米、甜硬杂交型玉米等；从籽粒颜色上分主要有白色玉米、黄色玉米、紫色玉米、黑色玉米、彩色相间玉米等。

白色鲜食玉米具有品质优、适应范围广、产量高的特点。黄色鲜食玉米富含类胡萝卜素等营养物质。除了白色和黄色鲜食玉米外，我国还选育出了口感好、颜色多样的花糯玉米，包括紫色、黑色、花色等。

鲜食玉米不仅营养丰富，而且具有良好的适口性，因其可以抑制糖分向淀粉转化，所以乳熟期间籽粒中含糖量高。鲜食玉米风味独特，口感比普通玉米好很多，高蛋白、低脂肪，富含膳食纤维、氨基酸、维生素、胡萝卜素等营养物质，籽粒中烟酸含量，是一种均衡体内营养、改善人们膳食结构的果蔬。

鲜食玉米的籽粒从植物学角度可以分为种皮、胚乳和胚 3 个部分，影响玉米甜度的主要原因是玉米的胚乳。甜玉米的“甜”区别于其他的普通玉米，在于它的胚乳中不仅有淀粉，还有相对含量很高的水溶性多糖。玉米粒的颜色受果皮、糊粉层、淀粉层 3 部分影响，玉米籽粒颜色主要是由遗传特性决定的。紫玉米、花粒玉米、黑玉米是经过科学选育进而栽种的新品种。

选择鲜食玉米时，首先看外观有无黄叶、干叶，苞叶翠绿含水量高则比较新鲜。其次稍微拉开苞叶看里面的花丝（玉米须）有无发蔫的情况，没有则表明玉米比较新鲜。再次看穗柄断口有无发黄“锈”迹，有则不新鲜，断口新鲜有汁则表明比较新鲜。最后用指甲按一下检查玉米粒有无饱满的汁水，观察玉米粒有无凹陷，玉米粒多汁、饱满有光泽则表明玉米较新鲜；如果玉米粒凹陷，则说明玉米采摘时间长，不新鲜。

鲜食玉米采摘后呼吸代谢旺盛，糖分转化快，容易失水变质。如果普通家庭想在鲜食玉米大量上市时节保存一些留日后食用，可以剥去玉米棒外层的苞叶，留下里面最后的一层，用保鲜袋密封保存，放入冰箱冷冻保存即可，食用时洗净蒸煮都可以。

2. 藜麦怎么吃？

藜麦的吃法如下。

①藜麦小米粥。小米与藜麦以 2∶1 比例加水煮 40 分钟，煮成的粥口感香甜，营养丰富。

②藜麦米饭。藜麦加水入锅蒸熟，或者与大米混合蒸熟，就是健康的主食。把藜麦饭用寿司海苔卷起来，可以做成藜麦寿司。蒸熟的藜麦饭也可以清炒或者配其他菜品。

③藜麦豆浆。将藜麦（可以泡好也可以直接使用）与泡好的黄豆（或者黑豆、莜麦等）放入豆浆机，按打豆浆的流程操作就可以制作营养丰富、口感独特的藜麦豆浆。藜麦打成浆会比较黏稠，建议适当添加。

④藜麦汤。藜麦可以与鱼、鸡、肉等材料混合煮汤。

⑤藜麦粽子。藜麦与糯米、花生拌匀成馅。取泡过的粽壳叶折

成斗状，填入适量馅料，包好后入锅加冷水浸没粽子，煮沸1小时后，改文火煮1小时即可。

藜麦是全谷全营养完全蛋白碱性食物，营养价值高。优质藜麦的蛋白质含量高达16%~22%，富含多种氨基酸，尤其富含赖氨酸，钙、镁、钾、铁、锌、硒等矿物质含量高，膳食纤维素含量高达7.1%，藜麦一天吃100~150 g合适。

3. 古往今来话稻名

我国有着悠久的稻作历史与丰厚的稻作文化。研究表明，水稻的驯化很有可能发生在8 000~10 000年前我国的长江中下游地区。

河姆渡新石器遗址中，栽培类型炭化谷粒的发现表明，最晚在7 000年前我国劳动人民就已经驯化了水稻。

随着时代的推移，水稻的品种也在不停地增加，它们是如何命名的呢？

（1）古代“农家品种”是如何命名的

“象形”是古代稻种命名中最重要的法则。其中，稻谷或稻穗的形态与颜色是稻种名称最主要的来源。比如“银条籼”，“银”形容谷粒色浅发白，“条”形容谷粒细长；再比如“长芒赤褐籼糯”，颖壳呈赤褐色，具有长芒，“糯”则代表它的品种特性。

除了直接描述谷粒形态，古代农人也喜欢以乡间常见的植物或动物命名。如“芦花稻”，谷粒呈灰白色，垂穗而立之时，远望像极了芦花；“兴隆蚊子嘴”，芒短而尖，颇似蚊子的嘴，谷粒灰黑细长，犹如蚊身，故而得名。这种以动物、植物入名的例子不可胜数，如“葡萄糯”“柳叶稻”“母鸡糯”等（彩图9）。

盼望丰产，是古今农人相通的愿望。因此，许多品种名就突出丰产性。如“八百粒糯”“丰润三百粒”等，虽然八百、三百均是虚指，但以此表示它们粒多穗大是无疑的。

花期是一种重要的农艺性状，对品种的丰收与经济价值有着重要影响。因此，许多品种常以花期为名，如“七月谷”“九月糯谷”等，一听便知它们在当地的花期。而“早十日”，则因它相较于当地其他品种早开花十余天而得名。

从一些西南（桂、滇、黔地区）民族地区采集来的农家品种，往往用的是当地民族语言的音转，如“好用义”“好先令”“毫用利”等。它们的存在充分体现了少数民族在我国稻作文化和水稻生产中的贡献。

（2）现代品种是如何命名的

古代的稻种往往需要几代人的努力；而现代品种，则是育种专家及其团队在科学理论的指导下，在相对较短周期内（5~7 年）培育出的，凝聚了他们的心血。

因此，现代品种命名时，特别强调知识产权，通常会将育种单位的信息包含在内，例如，中国水稻研究所育成的“中浙优 1 号”、中国农业大学育成的“中农大 4 号”等。

此外，如果当一个品种的系谱中有一个标杆品种时，它的命名往往会体现这一点，如著名品种“桂朝 2 号”，就由“桂阳矮 49”和“朝阳早 18 号”杂交选育获得。我们可以从稻名中看到其系谱，而系谱背后是一代又一代育种专家的传承。

现代育种过程中会引入许多先进的技术，所以命名时也会着重体现它的育种技术，如体现航天育种技术的“华航玉占”“航两优 1378”等。

（3）品种名中的一串数字是什么意思

虽然水稻品种后面一串数字会使现代品种的名字少了些意趣，但这是现代育种产业发展的必然结果。

通常一个审定品种的诞生，需要先从数以万计的植株中筛选出少则几百多则上千的候选单株；接着由这些单株发展成稳定的中间品系，再年复一年地反复筛选、优中选优，最终获得审定品种。

品种名中的数字，往往是育种专家当时所选株系的序号。如“沪早15”，就是在几百个株系中选出的第15个株系。

此外，一个高产的育种团队，也会用数字去标识所培育品种的序列。

稻种的命名背后是我国育种专家付出的无数心血，是要把米袋子牢牢拽在自己手里的决心。

我国的稻作文化存续了几千年，留给我们上百万份稻种资源。这些稻种资源是我国农人智慧的结晶。这种文化、智慧与传承都蕴藏在似乎并不起眼的稻种名中。

4. 食用油是如何榨出来的？

一级压榨花生油、西班牙原装进口特级初榨橄榄油、原生橄榄油、精炼橄榄油、老家土榨菜籽油、古法笨榨大豆油、物理精炼纯稻米油、物理压榨葵花籽油……

食用植物油标签及宣传的这些信息都是什么，你知道吗？是不是觉得古法笨榨的最原汁原味、最健康？咱们一起来盘点盘点，看看食用植物油到底是如何榨出来的，有哪些生产工艺，哪种工艺好。

第一种工艺：压榨法。

压榨法的原理是将油料经过预处理后，用机械传导的压力将油料中的油脂挤压出来，然后精炼制得成品。油料第一次压榨得到的油为一级压榨（或称初榨、头道压榨），一次压榨后形成的油饼仍会有5%左右的残油率，继续对油饼进行压榨得到的油为二级压榨。一般来讲，一级压榨的油比二级压榨的油品质更好。压榨法适用于生产花生油、菜籽油、葵花籽油、橄榄油等。

直接压榨得到的油称为毛油，为了得到安全和纯净的食用油，需要对毛油进行精炼，通常包括脱水、脱胶、脱酸、脱色、脱臭、脱蜡等，以除去毛油中的固体杂质、游离脂肪酸、磷脂、胶质、蜡、色素、异味等。

根据压榨时温度的不同，压榨又分为冷榨和热榨。冷榨，也叫生榨，是指压榨前油料不经加热或处于低温（低于 60 ℃）状态，压榨后一般无须精炼，经过沉淀和过滤可得成品油。冷榨更加天然，油颜色清澈透亮，油中维生素 E、植物甾醇等生物活性物质可最大限度保存。但冷榨出油率较低、生产成本高，故售价相对较高。

热榨，也叫熟榨，是指压榨前油料经过高温（120 ℃左右）处理，热榨后油料颜色红亮、油香浓郁、出油率高，但高温会使油中的维生素 E、植物甾醇、类胡萝卜素等生物活性物质损失较多。产品包装或广告上常说的古法压榨、古法笨榨、老家土榨、传统压榨就属于热榨。古时候的压榨设备和技术没那么先进，直接冷榨很难将油榨出来，一般都是将油料高温加热后再进行压榨。

第二种工艺：浸出法。

浸出法的原理是油料经预处理后，用正己烷（或异己烷）等有机溶剂溶解油料中的油脂，再脱除掉有机溶剂，剩下的即为要提取的油脂。浸出法残油率可达到 1%以下，较压榨法出油率更高。如大豆油的提取，浸出法比压榨法的出油率要高 50%。但浸出法会使成品油中残留微量的有机溶剂，《食品安全国家标准　植物油》（GB 2716—2018）规定溶剂残留量不得高于 20 mg/kg，只要符合标准的油都是可以安全食用的。

现代油脂加工厂中，对于一些含油率低的油料，比如大豆，一般采用的是直接浸出工艺；对于一些含油率高的油料，比如菜籽、花生，一般则采用先压榨后浸出的工艺。

单纯的压榨法制油主要用在某些可产生特殊风味的油脂加工中，如橄榄油、芝麻油等，但随着消费者追求天然环保等理念的发展，压榨法在大豆等油料中也开始应用。

第三种工艺：超临界流体萃取法。

超临界流体萃取原理是二氧化碳在临界温度和临界压力下，物质状态处于气体和液体之间，此时称为超临界流体。超临界流体作为萃取剂，具有理想的溶剂特性，可将油脂有效萃取。

超临界流体萃取法相比压榨法和浸出法，优点众多：环保、操作简单、效率高、无溶剂残留、营养保留程度高等，这些优点使其可能成为未来革命性的提取工艺。缺点是目前成本相对较高，应用规模较小，多用于提取一些易氧化、营养成分易损失的高附加值油料，如核桃油、牡丹籽油等。

以上 3 种方法是目前应用最广、技术最成熟的工业制油方法。此外，另有 2 种方法也有着重大的发展前景。

第一种是微波萃取法。

微波萃取的基本原理是微波的激活作用导致油料基体内不同成分的反应差异，使被萃取物与基体快速分离，高效快速萃取油脂。微波萃取有省时、溶剂用量少和效率高的优点，与超临界萃取技术相比更加简单和便宜。然而微波处理油料对于油品质的影响还有待进一步研究。

第二种是水酶法。

水酶法的原理是将油料破碎处理后，加入纤维素酶、果胶酶、蛋白酶、淀粉酶等，调节油料的水分、pH 值和温度，使加入的酶破坏植物种子的细胞壁，促进油脂释放，然后灭酶处理，再以水为介质，分层后蛋白质固相沉淀，从而达到制取油和蛋白质的双重目的。水酶法提油更为简单、安全，且在提油过程中能很好地除去一些油料中的毒素或抗营养因子。然而混合酶的使用种类和具体酶的比例尚不清楚，酶的高成本也是需要考虑和解决的限制因素。

现在，你是不是大概了解了食用油的工艺区别，下次挑选食用油时，别忘了看加工工艺啊，一定要看标签上的“加工工艺”，认准“压榨法”“浸出法”“水酶法”“超临界流体萃取法”等字样，不要被产品名称、广告以及包装上的其他文字介绍所迷惑哦。因为食品标签上的“加工工艺”是必须按照国家标准准确标注的，没有任何做文字游戏的余地，而产品说明、产品介绍则往往千奇百怪。

5. 食用油的等级越高越好吗？

我们经常听说一级花生油、二级大豆油、特级橄榄油。我们还听说色拉油加工比较精细、营养价值高。食用油真的是等级越高，质量越好、营养价值越高吗？

食用油是如何分级的？

刚榨出来的大豆油、玉米油、花生油等称为毛油，一般要经过精炼，俗称“炼油”，采用一系列工序清除植物油中所含固体杂质、游离脂肪酸、磷脂、胶质、蜡、色素、异味等。根据食用油的加工程度，由高到低将其分为一级、二级、三级和四级，等级越高表示其精炼加工的程度也越高。

一般来说，不同等级的区别主要在于色泽、透明度、气味、滋味、水分及挥发物等指标的不同。一级油和二级油经过了更多的加工过程，提炼程度较高，得到的产品澄清透亮、颜色更淡、无异味，且去除了一些有害杂质。相比之下，三级油和四级油的加工程度要相对低一些，得到的产品色泽略深，质地也没有那么清澈。

色拉油有什么特点？

我们把经过脱胶、脱色、脱臭（脱脂）等加工程序精制而成的色拉油作为高级食用植物油的典范，它也受到很多消费者的青睐。色拉油最大的特点就是可以直接生吃，它的名字其实最初是来自西餐的“色拉”专用油，所以就叫色拉油。色拉油因为经过多道工艺处理，所以颜色非常清亮、通透，而且没有任何气味，口感也不油腻，所以非常适合做凉拌菜，或者各种酱料的原料油。若是用普通的食用油去做凉拌菜，会有很重的油腻感和糊嘴感，并且“生味”

很重，还有原料的味道。另外，用色拉油炒菜，油烟少、味道香，所以深受消费者喜爱，但是它的价格比普通食用油会贵一点。

等级越高营养价值越高吗？

很多消费者会有这样的疑问：真相到底是什么？让我们来看食用油的精炼过程。食用油精炼时通过吸附、脱色去除了杂质，但同时，食用油中的一些维生素 E、天然胡萝卜素等营养物质也会一并被去除，其营养价值反而会受到损失。因此从营养价值的角度来看，并不是食用油的等级越高越好。

这跟大米、面粉加工类似，很多营养物质存在于麸皮中，过度加工成精米白面，表层的营养物质被磨掉，营养价值反而下降。近年来，“适度精炼”这一理念开始被提出和倡导。适度精炼就是在油品开发时应尽量保留有益物质和油脂的天然性，将食用油的加工精度界定在适当范围内，这样在保证食用油的色泽、风味等品质的同时，保留更多的营养物质。

作为消费者我们该选择哪种等级的食用油呢？

不同的油适合不同的场合，消费者要明确需求、明确用途、明确目标。

制作一些精致菜品或凉拌菜时，可选择等级较高的食用油，比如色拉油，以保证成品外观的美观，同时避免异味；烹饪家常菜肴时，则可以选择一些精炼程度没有那么高的食用油，以保留更多的营养物质，从而提高饮食的营养性和健康性。

以上内容的重点归纳如下。

①食用油的等级，主要体现了加工精炼程度：级别越高，精炼程度越高、外观越澄清透亮，营养物质损失也越多。

②消费者应根据饮食烹饪的用途来选择食用油，选最合适的，而不是选等级最高的、最贵的，凉拌、炒菜、煎炸用油应该是不同的；也可以经常更换油的品种，从而保证营养更均衡。

6. 如何正确认识食用油营养价值?

食用植物油的营养价值到底要如何评价呢？要搞清楚这个问题，我们首先看看食用植物油在日常膳食中所发挥的作用。

根据《中国居民营养与健康状况监测报告（2010—2013）》中膳食与营养素摄入状况数据，统计得出不同地区居民膳食脂肪的主要食物来源是：食用油（50.1%）、畜肉（22.5%）、面类（6.4%）、蛋类（3.3%）和其他（5.7%）。除脂肪酸外，在日常膳食中，食用植物油也是维生素 E 最主要的来源。同时，食用植物油还含有多种植物活性物质，包括植物甾醇、植物多酚、角鲨烯和类胡萝卜素。

上面这段话阐明了食用植物油的 3 个价值：一是提供脂肪酸，包括饱和脂肪酸、单不饱和脂肪酸、多不饱和脂肪酸；二是提供维生素 E；三是补充其他植物活性物质。

根据这 3 个价值，常见的食用植物油可分为“全能选手”“特长选手”和“大众选手”。

植物油中的“全能选手”包括菜籽油、亚麻籽油、牡丹籽油。

（1）菜籽油

菜籽油是食用植物油中的一号全能选手，其脂肪酸种类和含量达到了中国居民膳食营养素中脂肪酸的摄入量建议值，可以较好地符合人体脂肪酸营养需求。传统认为菜籽油中芥酸含量较高，但其实在 2004 年之后，我国开始致力于双低菜籽油（低芥酸、低硫苷）的研究，到 2010 年我国油菜双低率达到了 90%以上，解决了硫苷和芥酸问题。

菜籽油的营养特征如下：

①亚油酸和 α-亚麻酸均达到了膳食营养素推荐摄入量；

②在推荐摄入 20~30 g 植物油的情况下，菜籽油中提供的维生素 E 超过每日推荐量的一倍多；

③提供植物甾醇含量约占植物甾醇特定建议值的60%；

④饱和脂肪酸含量为目前市面植物油中最低，不饱和脂肪酸含量为所有食用植物油中最高；

⑤油酸含量高，仅低于橄榄油和山茶油。

菜籽油烟点较高，适合日常炒菜用。

（2）亚麻籽油

亚麻籽油又称亚麻仁油、胡麻油，是食用植物油中二号全能选手。亚麻籽油脂肪酸成分含量均衡，是优质食用植物油。

亚麻籽油的营养特征如下：

①含48%的亚麻酸，为所有食用植物油之最；

②ω-6多不饱和脂肪酸：ω-3多不饱和脂肪酸为所有食用植物油中最低，约为0.26：1；

③饱和脂肪酸和致动脉粥样硬化脂肪酸含量低于膳食营养素规定阈值；

④植物甾醇含量高，高于菜籽油。

亚麻籽油常用来拌凉菜，不宜高温煎炒。

（3）牡丹籽油

牡丹籽油又称牡丹油，我国在2011批准牡丹籽油为新资源食品，是食用植物油中三号全能选手，被誉为“是目前人类发现的最健康的食用油”“液体黄金”。

牡丹籽油的营养特征如下：

①亚麻酸含量超过40%，仅略低于亚麻籽油；

②ω-6多不饱和脂肪酸：ω-3多不饱和脂肪酸约为0.75：1，略高于亚麻籽油；

③含有独特的牡丹皂苷、牡丹酚、牡丹多糖、牡丹甾醇等天然生物活性物质；

④维生素E和植物甾醇含量与菜籽油接近，略低于菜籽油。

牡丹籽油烟点较高，适合煎、炸、炒等烹饪方式，同时也适用于腌制、烘焙等烹饪方式。

植物油中的“特长选手”包括山茶油、橄榄油、芝麻油、大米油、红花籽油、玉米油、棕榈油。

（1）山茶油

山茶油是我国特有的传统食用植物油，又名野山茶油、茶籽油、油茶籽油。山茶油中不饱和脂肪酸高达90%以上，油酸含量达到80%~83%，为所有食用植物油之最，高于橄榄油中单不饱和脂肪酸。

山茶油可作为日常食用油食用，适合热炒、凉拌、清蒸和汤菜食用。

（2）橄榄油

橄榄油被西方国家誉为“液体黄金”。橄榄油中富含单不饱和脂肪酸，占总脂肪含量的72%~77%，仅低于山茶油。

注意，虽然橄榄油中油酸含量突出，但亚油酸和α-亚麻酸两种必需脂肪酸含量较少，因此需要配合其他富含亚油酸和α-亚麻酸的植物油或食物共同食用。

橄榄油可以用来煎炸、炒菜和凉拌。

（3）芝麻油

芝麻油又称香油，是重要的食品调味料之一，常作为汤味或凉菜调味料，或直接淋洒在成品菜肴上以增加香味，是中国菜中必不可少的调味料之一。

芝麻油香味成分多达40多种，其风味物质种类和含量是目前所有食用植物油之首。

芝麻油适合凉拌，常作为调味品食用。

（4）大米油

大米油又称稻米油、米油、玄米油等。大米油中不饱和脂肪酸含量约为80%，单不饱和脂肪酸略高于多不饱和脂肪酸，约为50%。

大米油中含有独有的营养成分——谷维素，是一种强抗氧化剂。

大米油适合煎、炸、炒、蒸、煮、凉拌等烹饪方式。

（5）红花籽油

红花籽油又称红花油，是以红花籽为原料制取的油。

红花籽油中亚油酸含量是已知食用植物油中最高的，平均含量达78%。红花籽油中富含天然维生素E，被誉为“维生素E之冠”，每100 g红花籽油中含总维生素E约为146 mg。

红花籽油适用于煎、炸、炒，还可作为凉拌菜用油。

（6）玉米油

玉米油，又叫粟米油、玉米胚芽油，它是从玉米胚芽中提炼出的油。它的主要用途是烹饪，同时也是人造奶油和其他加工食品的主要成分，除此之外，玉米油还有许多其他工业用途。

玉米油中植物甾醇含量是目前所有食用植物油之冠，每100 g玉米油中约含有1 000 mg植物甾醇。

植物的固醇称为植物固醇，也称为植物甾醇，来自动物的固醇称为动物固醇，最家喻户晓的动物固醇就是胆固醇了。植物甾醇能够抑制人体对胆固醇的吸收。

玉米油不耐高温，适合快速烹饪。

（7）棕榈油

棕榈油与大豆油、菜籽油并称为“世界三大植物油”，被广泛用于烹饪和食品制造业，如方便面、饼干、冰淇淋、蛋糕（人造奶油）等食品。其饱和脂肪酸含量较高，多不饱和脂肪酸含量较低。

棕榈油中饱和脂肪酸是除椰子油外所有食用植物油之首，每100 g棕榈油中约含有43.9 g饱和脂肪酸。

棕榈油适合煎、炸等烹饪方式。

植物油中的“大众选手”包括大豆油、花生油、葵花籽油。

大豆油、花生油和葵花籽油是日常生活中常见的食用植物油，这 3 种食用植物油的脂肪酸成分、含量较为均衡（彩图 10），并无特征突出的营养成分，因此我们称之为大众选手。

选购建议如下。

①选购食用油的主要目的是保证摄入的脂肪酸平衡，同时尽量多摄入维生素 E 和其他生物活性物质。“全能选手”“大众选手”，都比较容易达到平衡；长期吃“特长选手”容易导致脂肪酸不均衡，需要与其他植物油搭配着吃。

②除了保持营养价值均衡，食用油的风味、烹饪特性，也都是选择时需要考虑的因素，建议根据不同用途选择不同的油。

不要一瓶油包打天下。此外经常更换烹调油的种类，不只是为了营养均衡，长期吃一种也腻啊，换一换口味儿何乐而不为呢。

7. 食用油配料表中的秘密

当你走进超市要买油时，面对这琳琅满目的产品、密密麻麻的介绍，以及各式各样的打折促销信息，是不是有点眼花缭乱、不知所措，陷入“选择性恐慌”？

给你介绍个窍门，那就是看产品标签，特别是其中的配料表。

食用油标签上都有哪些信息？

超市中的食用植物油一般属于预包装食品，根据《食品安全国家标准　预包装食品标签通则》（GB 7718—2011），食用油的包装上必须有食品标签。食品标签标示应包括食品名称、配料表、净含量和规格、生产者和（或）经销者的信息（包括名称、地址和联系方式）、生产日期和保质期、储存条件、食品生产许可证编号、产品标准代号及其他需要标示的内容。

根据《食品安全国家标准　预包装食品标签通则》，各种配料应按制造或加工食品时加入量的递减顺序一一排列；加入量不超过 2% 的配料可以不按递减顺序排列。也就是说配料表中含量高的排在前面，含量低的排在后面。

举一个橄榄油的例子。橄榄油包括特级初榨橄榄油、优质初榨橄榄油、精炼橄榄油、果渣油等。彩图 11 中的两款橄榄油，左图配料表中只有特级初榨橄榄油，而右图配料表中是精炼橄榄油排在前，特级初榨橄榄油排在后，说明左图橄榄油属于特级初榨橄榄油，右图橄榄油不是最好的橄榄油。

再看下面两个调和油配料表，配料表 A 中，葵花籽油和大豆油各占 40%，橄榄油占 20%，该油属于食用植物调和油。配料表 B 中，大豆油占 99%，橄榄油只占 1%，该油属于大豆油。

配料表 A：葵花籽油 40%、大豆油 40%、橄榄油 20%。

配料表 B：大豆油 99%、橄榄油 1%。

配料表有以下 2 个重点：

①如果是纯品，配料表中应该只有单一原料；

②如果是调配成的混合物，或者添加了其他成分，则配料表中有好几种物质，含量高的排在前面，含量低的排在后面。

第四章 食用菌

1.“毒菇派”之大青褶伞

春夏之际是蘑菇世界中“毒菇派”成员生长繁殖的旺季，也是人类误食野生毒蘑菇引发食物中毒的高发季节。有一名叫作大青褶伞（彩图12）的“毒菇派”成员，常引起误食中毒事件。

大青褶伞，属于蘑菇科青褶伞属，拉丁学名为 *Chlorophyllum molybdites*，它还有不少曾用名，例如，青褶环伞、铅绿褶菇、绿褶菇。它的个头属于中等偏上，菌盖直径5~20 cm，菌柄长10~28 cm。大青褶伞幼时伞褶是白色的，长大后就染成浅绿色至青褐色或淡青灰色，菌盖顶部的鳞片大而厚，呈褐紫色。大青褶伞与可食用的高大环柄菇、双孢蘑菇等种类难以区分，非常容易被误食从而导致中毒，是我国引起毒蘑菇中毒最多的品种之一。

大青褶伞每年的3—12月都会生长，其中，6—10月是生长最旺盛的季节。为了增加被人类采摘的概率，大青褶伞爱生长在草坪、公园、农田、菜地，甚至路边的泥土堆等，是目前长三角地区最为常见的毒蘑菇之一。

科学家对大青褶伞毒性进行研究后发现，它的毒性成分是一种热不稳定的毒性蛋白，称为 Molybdophyllysin 毒蛋白。该蛋白经腹腔注射可在3小时内引起小鼠腹腔大量出血而死亡。除了这种热不稳定蛋白外，大青褶伞中是否还含有其他类型的毒性成分目前尚不清楚。

人误食大青褶伞后主要中毒症状为胃肠炎，表现为恶心、呕吐、腹泻、腹痛，严重的会出现胃肠道出血及抽搐，这些症状一般出现在进食后的3小时内。目前，尚未有因误食大青褶伞致死的事件报道，但摄入过多仍存在中毒致死的风险。

“毒菇派”成员的毒性成分十分复杂，科学家对其研究还不算深入，现有的研究报道也十分有限。同时，毒蘑菇的生长环境、生长周期及加工方式对其毒性成分均有很大的影响。最安全的做法是敬而远之，只要做到不买、不采、不食不明野生菌，就能极大降低中毒风险。

2.“毒菇派”之肉褐鳞环柄菇

蘑菇世界有一支神秘的门派，它们伪装性强、毒性烈，被人们称作“毒菇派”，它们之中又有一部分悄然隐居都市，成为著名的“都市杀手”。剧毒蘑菇肉褐鳞环柄菇（彩图13）就是这些“都市杀手”中的重要一员。肉褐鳞环柄菇属于伞菌目蘑菇科环柄菇属，拉丁学名为*Lepiota brunneoincarnata*。

肉褐鳞环柄菇现身都市的时间一般为我国春季至秋季，爱生长在林下、路边、草地上，有时候三五成群，有时候单独居住。它们主要居住在我国的华北、华东等地区，因为和香菇长得很像，看起来一副无辜低调的样子，很容易被城镇居民误采误食后导致死亡。

肉褐鳞环柄菇的致命武器就是藏在体内的鹅膏毒肽，这是一种剧毒化合物，对人类的致死剂量为0.1 mg/kg。经科学家分析肉褐鳞环柄菇主要含有α-鹅膏毒肽和β-鹅膏毒肽，以及微量的γ-鹅膏毒肽，此外还检测出了鹅膏蕈氨酸和三羟鹅膏毒肽酰胺等毒性成分。鹅膏毒肽化学性质稳定，摄入到体内以后不能被胃酸和酶降解，经冷冻、干制、煎、炒、煮、炖等加工都不能解除其毒性。

人们误食了肉褐鳞环柄菇后会呈现典型的鹅膏毒肽中毒症状。中毒病程分为4个阶段：潜伏期、急性胃肠炎期、假愈期、肝功能衰竭期。一般进食 6~12 小时后出现急性胃肠炎症状，表现为恶心、呕吐、腹泻，严重者出现血便，此阶段肝功能的指示标志物均在正常范围内；紧接着，摄入者会出现消化道症状明显改善的情况，但肝脏功能已经开始受到明显损害；爆发性的肝功能损害出现在摄入毒蘑菇后的 2~4 天，摄入者出现精神萎靡、腹部隐痛、皮肤巩膜黄染等症状，肝肾受到严重损害，至该阶段致死率达 30%~60%。到目前为止，对含鹅膏毒肽的蘑菇中毒重症患者尚无切实有效的治疗方法，也无特效的解毒剂，仅能采取医学干预手段来治疗患者，降低死亡率。

市民了解肉褐鳞环柄菇的毒性后，一定要记住它的长相，不能采食。

3. 松茸三兄弟，个个有特色

地球上大约有十万种菌类，其中有一些是我们餐桌上的“熟面孔”，而高居菌类食材塔尖的就是松茸。近年来，松茸产品出现在超市、网店的频次越来越多，然而也有一些长相和名字都和松茸很像的蘑菇，如姬松茸和赤松茸，容易让大家分不清，甚至一不小心就中了不良商家冒名顶替的陷阱。那么松茸、姬松茸和赤松茸这三者各有什么特点呢？

松茸作为一种高级食材，主要分布在东亚，无法人工种植，因此十分珍贵稀有。松茸一直生长在无污染的原始森林中，孢子必须和松树根形成共生关系，因此被取名为“松茸”。另外，柏树、栎树等也是松茸的“好朋友”。松茸对环境要求苛刻，因此产区并不多，在我国主要有云南香格里拉、楚雄和吉林延边。生长在香格里拉的松茸，因环境适宜而产量较高，占全国总产量的 70%，也是连续数十年的松茸出口冠军。我国以松茸的长度划分定级标准，长度在 9~12 cm 的松茸被定为一级，长度在 7~9 cm 的松茸被定为二级，长度在 5~7 cm 的松茸被定为三级。除长度外，形态是否匀称、是否开伞，新鲜程度和是否受虫蛀等因素也都十分重要，同样影响着级别和价格。目前，根据等级不同，鲜松茸的价格为每千克300~1 000元，干松茸的价格为每千克 2 000~6 000 元。松茸的营养价值很高，除了含有氨基酸、微量元素等人体必需的营养物质外，还有双链松茸多糖、松茸多肽以及松茸醇。

姬松茸，又名巴西蘑菇，原产地在巴西、秘鲁等地，1992 年进入中国市场。姬松茸的体型比松茸小，菌盖直径为 5~11 cm，而且顶部中央是平的。姬松茸脆嫩多汁，味道清新，带有杏仁香味，价格也具有市场竞争力。新鲜的姬松茸较少见，价格为每千克 50~80 元；姬松茸干品较常见，一般每千克 150 元左右。姬松茸体内蛋白质高达 35%~40%（干基计），约为肉类的 2 倍，科学家们研究发现，姬松茸具有健脑、益肾、降胆固醇、增强精力等功效。目前，姬松茸已经可以实现人工栽培。

赤松茸，又名大球盖菇，欧洲、北美洲和亚洲等地都有分布，对生长环境要求不高。赤松茸个头较大，有的能重达好几千克。赤松茸也可通过人工栽培，并且性价比高，目前市场价格为每千克 20~50 元。赤松茸含有 25%（干基计）左右的蛋白质，以及活性多糖、酚类、甾醇等活性成分，具有清除人体内自由基、抗氧化、降血糖的功效。

消费者可以从以下 3 个方面区分 3 种“松茸”。

①流通形式不同。松茸和赤松茸主要以鲜品和干品切片两种方式销售；姬松茸以干品消费为主，不会切片，风干后呈现金黄色或淡褐色。

②鲜品外貌差异。松茸菌盖和菌柄颜色基本一致，为浅褐色或栗褐色，全身被一层黑色的菌衣包裹着，这层菌衣富含活性成分松茸醇。赤松茸菌盖为球形，呈红褐色、葡萄酒色或暗褐色，菌柄为白色。姬松茸个头比赤松茸小很多，且菌盖顶部是平的，市场上新

鲜的姬松茸很少见。

③干品外貌差异。姬松茸干品基本保留了完整的样子，所以比较好识别。松茸干品切片以后通体呈淡黄色，赤松茸干品切片后盖一圈呈现黑色，这是赤松茸区别于松茸的关键。

4. 一起来聊聊《山海情》里的致富密码——双孢蘑菇

2021 年，一部脱贫攻坚主题的电视剧《山海情》刷爆网络，剧里帮着村民们致富的，就是本文要介绍的主角——双孢蘑菇。

双孢蘑菇 *Agaricus bisporus*，又名白蘑菇、蘑菇、洋蘑菇等，是一种栽培范围广、备受消费者喜爱的食用菌品种。双孢蘑菇人工栽培可追溯到 1605 年，法国农学家坎坦西在草堆上培育出了双孢蘑菇。我国双孢蘑菇的种植，最早起始于 1935 年的上海，随后陆续推广到江苏、浙江和福建等地。

新鲜采摘的双孢蘑菇色泽洁白，仔细看，表皮还有一层小茸毛。双孢蘑菇富含蛋白质、水溶性维生素和微量元素等。以 100 g 可食部计，含蛋白质 4. 2 g、脂肪 0. 1 g、不溶性膳食纤维 1. 5 g、核黄素 0. 27 mg、烟酸 3. 20 mg、锌 6. 6 mg、硒 6. 99 μg。简单来讲，双孢蘑菇具备各类食用菌常见的营养特征：“一高”（高蛋白）、“二低”(低脂肪、低热量)、“四多”(多功能多糖、多膳食纤维、多氨基酸和多维生素)，符合现在大食物观的营养需求。

此外，也有一些文献表明双孢蘑菇具有较好的功能活性。如美国宾夕法尼亚大学在动物试验中发现饲喂双孢蘑菇后小鼠的肠道菌群结构发生变化并通过肠道-大脑神经回路诱导肠道葡萄糖原异生，从而促进达成葡萄糖稳态，这一发现有助于为糖尿病治疗和预防提供新的策略。

目前鲜品仍然是双孢蘑菇主要的消费模式，此外也有一些罐头、腌渍和干制切片等产品形式。

作为一种白色新鲜的食用菌，双孢蘑菇在储藏、销售过程中极易出现褐变和皱缩现象。早在2006年，农业部食用菌产品质量监督检验测试中心（上海）在全国食用菌质量安全普查中发现部分经销商在收购和销售食用菌过程中违法使用荧光增白剂等进行预处理。之后经过农业部门连续多年的例行监测、监督抽检和科普宣传等，该现象已经得到有效遏制，近年在白色菌菇中荧光增白剂均未被检出。近年来，有关使用甲醛进行保鲜的谣言也不时在一些网络平台传播。农业农村部农产品质量安全风险评估实验室（上海）对市场消费的10余种大宗和特色食用菌品种中甲醛本底含量进行监测分析，已有结果显示包括双孢蘑菇在内的食用菌中含有微量甲醛是食用菌等生物体正常生长代谢的天然产物，消费风险可控。以双孢蘑菇为例，甲醛含量为0～17.04 mg/kg，均值1.17 mg/kg，中位值0.61 mg/kg。作为化学保鲜方式，《食品安全国家标准　食品添加剂使用标准》（GB 2760—2014）规定了经表面处理的鲜食用菌可使用硫磺通过熏蒸方式处理，但残留量应小于400 mg/kg（以二氧化硫计）。近期关于蘑菇中甲醛保鲜的网络视频，采用的是检测空气中甲醛的设备，不适用于蘑菇样品，属于检测方法的超范围使用，其检测获得的数据不可信。

近年来随着技术的不断升级以及消费者追求天然、绿色的需求，双孢蘑菇在实际流通过程中，会采用冷链进行保鲜预冷和运输。我国于2012年发布了农业行业标准《双孢蘑菇　冷藏及冷链运输技术规范》（NY/T 2117—2012），对采收运输过程技术和管理要求进行了规定。2018年，《食用菌包装及储运技术规程》（NY/T 3220—2018）发布实施，对包括双孢蘑菇在内的10种食用菌鲜品的包装到储运全程技术要求进行了规定，进一步促进食用菌的安全、优质供应。

消费者在选购双孢蘑菇时，应选择色泽洁白自然、表面干燥、饱满有弹性、紧实、菌盖紧紧贴着菌柄没开伞的双孢蘑菇。如果色泽发灰发黑，触摸时表面手感黏稠，开伞露出黑色的菌褶，说明其已经不新鲜了。

采购回来的双孢蘑菇，应及时放在冰箱中冷藏。

双孢蘑菇和口蘑是什么关系？

口蘑是生长在内蒙古草原上的一种白色野生蘑菇。由于口蘑以前都通过河北省张家口输往内地，张家口是内蒙古货物的集散地，所以被称为“口蘑”。简单讲，口蘑是一个统称，双孢蘑菇只是其中的一种。

5. 谣言止于科学——食用菌甲醛超标不可信

一些博主用空气甲醛检测试剂盒来检测食用菌和蔬菜中的甲醛含量，引起了广泛的关注，那么食用菌中的甲醛真的超标吗？

选取大家餐桌上常见的食材，香菇、蟹味菇、白玉菇、灰树花、猪肉、鸡肉、苹果、梨、葡萄、花椰菜、生菜、韭菜、洋葱、速溶咖啡，取对照品溶液，以无水乙醇作空白对照。

从试剂盒的检测结果看，发现几乎所有的农产品都显示甲醛超标，洋葱、韭菜、葡萄、苹果、梨尤其显色深，空白对照无水乙醇，竟然也是甲醛超标，所以用空气甲醛检测试剂盒来检测农产品中的甲醛含量是不科学的，结果是不可信的。

正确检测菌菇中甲醛含量的实验是如何进行的？

样品制备、称量、上蒸馏装置进行蒸馏、收集蒸馏液、定容、吸取蒸馏液加乙酰丙酮溶液混匀、沸水浴显色、于波长 412 nm 处比色测定。

比色法的测定结果表明部分菌菇样品中存在微量的甲醛，在测试的一些蔬菜和水果中含有极少量的甲醛，这与此前试剂盒检测甲醛超标的结果是完全不同的。测试样品中的甲醛是一种农产品生长过程当中自然代谢产生的微量物质，对人体是没有危害的。

现代农业中的金针菇、白玉菇等食用菌的生产，已经完全实现了全程工厂化的水平，不会存在甲醛超标的问题。相信科学，“菇助健康”。

第五章　茶叶

1. 你了解茶吗？

人们总说："一杯茶就是一段历史，一段故事；茶里有禅理，茶里有茶道，茶如人生，水起茶浮，水出茶沉，犹如人生起浮。细细品来，每一口茶都是一段故事。"茶叶在我国的种植和饮用历史都十分悠久。那么，你对茶了解多少呢？

中国茶文化博大精深，源远流长。历代茶人经过长期的辛苦劳动，积累了丰富的采茶制茶经验，创造出了多种多样的茶叶种类。茶叶分类方式很多，可根据叶面积大小划分，也可根据采集季节来划分，更可按制作工艺情况划分。在众多的茶类划分中，运用最广泛、最权威、认知度最高的是中国六大茶类，即绿茶、白茶、黄茶、乌龙茶、红茶、黑茶。

茶叶按叶面积分，可分为特大叶（叶面积大于 50 cm^2）、大叶（叶面积为 28～50 cm^2，典型代表有凤庆大叶种、景谷大叶种等）、中叶（叶面积为 14～28 cm^2）和小叶种（叶面积小于 14 cm^2，典型代表有西湖龙井、安溪铁观音等）。

茶叶按生长年限、栽培类型分，可分为古树茶（也称野生型，其树体高大，年代久远，一般大于 300 年。目前，仅存在云南古六大茶山和新六大茶山茶区，产量十分稀少）、大树茶（也称过渡型、小乔木型，植株相对高大）和台地茶（也称栽培型、灌木型，主要种植于山上的梯田）。

茶叶按采摘季节分，可分为春茶、夏茶、秋茶和冬茶。

①春茶。春茶一般在 3 月下旬至 5 月中旬采摘。春季温度适中、雨水充沛，而且茶树经过了一个冬天的休养生息，茶芽肥硕、色泽绿润、叶肉肥厚、滋味鲜爽、香气宜人且富有保健作用。

②夏茶。夏茶则是 5 月初至 7 月初采摘的茶叶。因天气炎热，茶树的新梢芽叶生长迅速，使得能溶解于茶汤的水浸出物含量相对减少，特别是氨基酸等的减少使得茶汤滋味、香气不如春茶强烈。夏茶中带苦涩味的花青素、咖啡因、茶多酚含量比春茶多，因此紫色芽叶增加，导致色泽不一，而且滋味较为苦涩。

③秋茶。以 8 月中旬以后采摘的茶叶称为秋茶。秋季气候条件介于春夏之间，茶树经春夏两季生长，新梢芽叶内含物质相对减少，叶片大小不一、叶底发脆、叶色发黄，滋味和香气显得比较平和。

④冬茶。冬茶大约在 10 月下旬开始采摘。冬茶是在秋茶采完后，气候逐渐转冷后生长的。因冬茶新梢芽叶生长缓慢，内含物质逐渐增加，所以滋味醇厚、香气浓烈。

茶叶按发酵类型分是目前运用最广泛、最权威、认知度最高的方法。目前我国茶叶按此方法分类，可分为以下六大类茶叶：绿茶、白茶、黄茶、乌龙茶、红茶、黑茶。

①绿茶。绿茶是不经过发酵的茶（发酵程度为 0），即将鲜叶摊晾后直接下到一二百摄氏度的热锅里炒制，保持其绿色的特点。绿茶具有香高、味醇、形美、耐冲泡等特点，其制作工艺流程为杀青、揉捻、干燥。由于加工时干燥的方法不同，绿茶又可分为炒青绿茶、烘青绿茶、蒸青绿茶和晒青绿茶。名贵绿茶有西湖龙井、洞庭碧螺春、黄山毛峰、庐山云雾、六安瓜片、太平猴魁等。

②白茶。白茶指采摘后，不揉捻，只经过杀青，再经过晒或文火干燥后加工的茶。白茶最主要的特点是毫色银白，素有“绿妆素裹”之美感，且芽头肥壮、汤色黄亮、滋味鲜醇、叶底嫩匀。白茶主要品种有白牡丹、白毫银针、贡眉、寿眉等。

③黄茶。黄茶发酵程度为 10%～20%，其制法有点像绿茶，不

过中间需要闷黄 3 天；在制茶过程中，经过闷堆渥黄，因而形成黄叶、黄汤。黄茶分黄芽茶（包括湖南洞庭湖君山银针等）、黄小茶（包括湖南岳阳的北港毛尖等）、黄大茶（包括广东大叶青茶等）3 类。

④乌龙茶。乌龙茶又称青茶，制作时适当发酵（发酵程度为 30%~60%），使叶片稍有红变，是一类介于红绿茶之间的半发酵茶。所以它既有绿茶的鲜浓，又有红茶的甜醇。

⑤红茶。红茶是一种全发酵茶（发酵程度大于 80%），之所以谓之红茶，得自其汤色红。红茶主要有小种红茶、工夫红茶和红碎茶 3 大类。名贵红茶有祁门红茶、云南滇红等。

⑥黑茶。黑茶属后发酵茶，通过外来微生物发酵而成。因成品茶的外观呈黑色而得名，其原料粗老，经过杀青、揉捻、渥堆和干燥 4 道工序。主要的品种有三尖、茯砖、黑砖、花砖、青砖以及千两茶。为人所知的黑茶有湖南安化黑茶、广西六堡茶、四川雅安川青茶、云南普洱熟茶等品种。

通过上述介绍，你是否对茶叶有更多的认知了呢？约上三五好友，品茶聊天，感受品茶给我们生活带来的乐趣，感受茶对我们精神的滋养吧。

2. 春天的绿茶更优质，这很科学

春茶泛指小满前采摘制作的茶叶。对于绿茶来说，以清明前和谷雨前生产的早春绿茶品质最好，也最为珍贵。春天的绿茶更优质的原因有以下 4 点。

第一，春茶生长时的气温低，光照时长和空气湿度适中，有利于氨基酸等鲜爽味呈味物质的合成，不利于茶多酚等苦涩味呈味物质的形成。因此，茶叶中的酚氨比较低，口感好。

第二，春茶中的香气前体物质含量较高，因此春天所制的茶叶香气更丰富，感官品质更好。

第三，春茶营养成分丰富，氨基酸、维生素、可溶性糖等成分含量高，饮用春茶能够使人体摄入相对较多的微量元素，在缺乏水果蔬菜的情况下，可作为一种补充。

所以春天的绿茶更优质，这很科学。

3. 蒙古奶茶荆楚芬芳探秘

我们，以茶为媒，走万里茶道，连接山脉、河流、雪域与草原。

“宁可一日无食，不可一日无茶。”这句在辽阔的内蒙古草原上流传的俗谚，充分展现出蒙古族牧民对茶的偏爱和喜好。咸香醇厚、回味无穷的奶茶是蒙古族牧民日常生活中不可或缺的食物。

为蒙古奶茶贡献出灵魂清香的茶叶是砖茶，又称蒸压茶，是外形加工成砖形态的发酵茶，也是紧压茶中比较有代表性的一种，以茶叶、茶茎，有时还配以茶末制成的块状紧压茶。传说成吉思汗时期，蒙古兵出征，砖茶可当粮草：人饮砖茶水，耐渴耐饥、提神振气；马食砖茶渣，其营养价值胜过草料。

砖茶根据原料和制作工艺的不同，可以分为青砖茶、米砖茶、黑砖茶、花砖茶、茯砖茶、康砖茶等。而蒙古族通常饮用的砖茶中，最受欢迎的是荆楚名产——青砖茶。

青砖茶是我国传统边销砖茶之一，主产于湖北省南部的赤壁市、咸安区、通山县、崇阳县、通城县等地，其中尤以产于湖北省赤壁市羊楼洞古镇的最为出名。羊楼洞是汉口茶商委托茶农加工砖茶的地方，主要销往内蒙古、新疆、西藏、青海等西北地区和蒙古国、格鲁吉亚、俄罗斯、英国等国家。

青砖茶采用湖北老青茶和黑茶毛料为原料，经长时间发酵工艺后高温蒸压而成，主要分为毛茶初制、渥堆陈化、复制拼配、汽蒸压制、烘房干燥 5 个主要工段。青砖茶汤色澄红清亮，浓酽馨香，味道纯正，回甘隽永。

青砖茶含有丰富的茶多酚、生物碱、蛋白质、矿物元素等人体必需的营养成分，据分析，青砖茶水分含量14.6 g/100g、可溶性糖2.05 g/100g、游离氨基酸0.048 g/100g、蛋白质20.56 g/100g、茶多酚4.46 g/100g、咖啡碱2.28 g/100g、儿茶素总量0.53 g/100g、茶黄素0.007 g/100g、茶褐素0.040 g/100g、茶红素0.011 g/100g。青砖茶在发酵过程中，经微生物及其产生的胞外酶的作用，茶叶的内含物成分裂解释放并经历了以茶多酚为主体的一系列复杂的生化反应，咖啡碱、黄酮与茶黄素含量相对稳定，水浸出物、茶多酚、氨基酸、儿茶素总量与茶红素含量减少，而可溶性糖和茶褐素含量明显增加。同时影响滋味香气的挥发性物质含量也有明显变化，醛类、酮类、烯类和杂环类含量大幅上升。由此，青砖茶形成了独特的色香味品质特征及功能组分。

青砖茶配上鲜奶可口绵甜，能使人增加食欲。喝一碗蒙古奶茶，仿佛能感受千年之前源自荆楚大地上茶叶的馥郁芬芳，跋山涉水，在广阔的草原上与醇厚奶香融合，汇成了人们唇齿之间的留香。此时不禁感叹，黄鹤一去不复返，莫不是和青砖茶一般，告别汉阳树、鹦鹉洲，飞到辽阔高原上，与雄鹰一同盘旋吟唱了。

最后奉上蒙古奶茶的制作方法，有兴趣的可以在家制作。蒙古奶茶选用的是青砖茶，制作时用茶刀将青砖茶分成小片，封入茶包中，将铜锅中的水烧沸，投入茶包，转入中火，煮约10分钟，至茶汤浓郁便可将茶包捞出，加入盐、内蒙古特有的奶制品嚼克（酸奶发酵后表面的奶油）和少量酥油，转小火，小幅度舀起茶汤再倒回锅中，这个过程叫扬沸，至嚼克和酥油全部融化，可慢慢加入鲜牛奶，期间不时扬沸奶茶以降低温度，使味道融合，至茶汤重新煮至沸腾，加入炒米（黄米等粗粮炒制）提香，再煮1分钟关火，出锅前加入牛肉干、奶皮、奶豆腐增鲜，香喷喷的蒙古奶茶就完成啦。

第六章 畜产品

1. 肉的香味原来是这么来的

我国是肉类生产及消费大国，肉类产量约占世界总量1/3，消费量约占全球消费的1/4。随着生活水平的大幅提高，人们开始追求对肉类食品的感官享受。消费者食物品鉴的三部曲为观色、闻香、品尝，所谓闻香知味，足以说明香味的重要性。那么，香味从何而来呢？

生肉只有血腥味，只有经烹调后才能产生良好的风味，即肉的滋味和肉的香气。肉的滋味主要由滋味呈味物质共同构成，有甜味、咸味、苦味、酸味和鲜味5种基本味道。肉的香气主要由挥发性风味物质共同构成，有脂肪味、焦糖味、青草味等特征风味。挥发性风味物质是风味前体物质经加热发生美拉德反应、脂质降解、硫胺素降解、Strecker降解等化学反应产生的。肉风味前体物质主要为氨基酸、脂质、碳水化合物、核苷酸、维生素、小肽等。肉制品经特定的加工工艺形成特征香气，如腊肉香气、烤肉香气、酱牛肉香气。特征香气主要由挥发性风味物质，如醛类、酮类、杂环类、吡嗪类、醇类、酯类、酸类、含硫化合物等以特定比例组成。

①醛类化合物。醛类化合物是肉风味的重要组成部分，主要来源于脂质氧化降解和Strecker反应。脂质氧化降解产生的醛类化合物包括直链饱和脂肪醛等，通常具有青草味、油漆味、金属味或者腐臭味等气味。氨基酸通过Strecker降解生成的醛类化合物是肉香气的重要贡献者，包括甲基丁醛、苯甲醛、苯乙醛、3-甲硫基丙醛等，

表现为蘑菇味、脂肪味、巧克力味、花香味和甜香味等。

②醇类化合物。醇类化合物通常具有令人愉悦的水果味和花香味。加工肉制品香气中的醇类化合物主要为脂肪醇，包括饱和脂肪醇和不饱和脂肪醇，主要是通过烹制过程中不饱和脂肪酸的氧化反应产生。饱和脂肪醇类化合物具有较高的香气阈值，不容易被消费者感知到，通常被认为不是重要的风味组成；不饱和脂肪醇类化合物香气阈值一般较低，更容易被消费者感知，大多呈现青草味、蘑菇味等香气，如1-辛烯-3-醇（呈蘑菇香气），对肉香气的贡献较大。

③酮类化合物。酮类化合物也是由不饱和脂肪酸经热氧化降解产生的，主要表现为桉叶味、焦煳味和脂肪味，研究发现：酮类物质的香味阈值远高于其同分异构体的醛类，对风味的贡献相对较小。

④含硫化合物及杂环类化合物。氨基酸与还原糖在高温条件下发生美拉德反应和Strecker降解反应，硫氨酸热降解反应产生大量的含硫化合物和杂环类化合物，主要包括吡嗪、烷基吡嗪、烷基吡啶、吡咯、呋喃、呋喃酮、噻唑和噻吩等，形成浓郁的肉香气。如呋喃酮具有焦糖味；4-甲基-5-乙烯基噻唑具有可可香味。

⑤酸类化合物。酸类化合物的来源比较复杂，可能由长链脂肪酸裂解而来。相对于长链脂肪酸来说，短链脂肪酸类物质的香味阈值较低，对风味的贡献度较大。如4-甲基辛酸、4-乙基辛酸、4-甲基壬酸是羊肉膻味的主要来源。

总的来说，肉香气是风味前体物质经一系列化学反应生成的挥发性风味物质，被人的嗅觉系统所感知形成的。

2. 生猪检验检疫

猪肉食品安全关乎着人们的身体健康和生命安全，为确保全民吃上放心肉，根据相关规定，猪肉要凭“两章两证一报告”才能进入市场销售。那什么是“两章两证一报告”呢？

“两章”是指生猪屠宰检疫验讫印章和肉品品质检验验讫印章，它们分别是由动物卫生监督机构和生猪屠宰企业加盖。

“两证”是指动物产品检疫合格证明和肉品品质检验合格证，它们分别是由动物卫生监督机构和生猪屠宰企业出具。

“一报告”是指非洲猪瘟病毒检测报告，是由动物卫生监督机构官方兽医监督生猪屠宰企业开展非洲猪瘟自检工作，由生猪屠宰企业出具。

除此之外，猪肉表面如出现以下印章，请谨慎购买。一是标识着猪肉为晚阉猪肉或种猪肉的印章，消费者可自行选择是否购买。二是出现高温、销毁字样的印章，代表该批动物产品可能存在动物疫病，经官方兽医判定为检疫不合格，需要进行销毁或高温无害化处理。“两证两章一报告”清楚标注了猪肉的来源、去处、检疫情况等，能够十分方便地进行追溯，真正让消费者吃上安全健康的放心肉。

3. 鸡蛋蛋黄颜色越深，品质越好吗？

日常生活中，常常有些人认为蛋黄颜色深的鸡蛋品质更好，但事实并非如此。

蛋黄颜色主要取决于鸡的食物。蛋黄的色素主要是叶黄素类和少量的胡萝卜素。其中，叶黄素是植物色素的主要组分，鸡本身无法合成，只能从每天吃的东西中获取。散养鸡通常在野外生活，能够吃到青菜、野草、虫子，还有人工饲喂的玉米，所含的叶黄素较丰富，所以蛋黄的颜色就比较深。而笼养蛋鸡主要吃饲料，其中，玉米的叶黄素易发生氧化，储存时间越长，含量会越低；小麦、大麦等的叶黄素含量本身就低。如果蛋鸡吃这些饲料比较多，蛋黄颜色会较浅，近于发白。

此外，鸡的品种、年龄也会影响蛋黄颜色。一般来说，和一些地方品种鸡相比，商品蛋鸡产蛋性能更高，蛋黄颜色更浅。随着年龄的增加，鸡肠道吸收类胡萝卜素的功能会逐渐减弱，蛋黄的沉积能力下降，蛋黄颜色就会逐渐变浅。所以，老年鸡下的蛋，蛋黄颜色会更浅一些。

适量添加着色剂，不妨碍食用安全。为了提高鸡蛋的品相，部分养殖者会采取人工干预的方式，来改善蛋黄颜色。有些养殖者，会投喂有助于加深蛋黄颜色的饲料。比如，黄玉米、苜蓿、万寿菊、羽衣甘蓝、青菜、胡萝卜、番茄、红椒等。也有养殖者会向饲料中添加蛋鸡养殖允许使用的着色剂。蛋鸡饲料中添加着色剂在美国、日本、欧洲等发达国家和地区广泛使用。我国《饲料添加剂品种目录（2013）》，明确了允许使用的着色剂种类。目前，全球范围内使用较多的着色剂是斑蝥黄、阿朴酯，分别可使蛋黄呈现橘红色和黄色。如果着色剂添加较多，蛋黄就会呈现较深的橘红色。那这种鸡蛋还能不能吃？斑蝥黄的有效成分是角黄素，JECFA（食品添加剂联合专家委员会）国际通行标准是，每日最大摄入量为 0.03 mg/kg 人体重。国内有研究人员检测市场销售的鸡蛋：在昆明 64 份样品中，角黄素含量为 0.74~9.13 mg/kg；在成都 32 份样品中，角黄素含量为 0.61 ~ 0.78 mg/kg。假设按检测到的最高含量（9.13 mg/kg）来算，一个体重 60 kg 的成人，每天吃不超过 4 枚，就不会对健康产生任何危害。

那么，部分消费者青睐的深色蛋黄，是否代表营养价值更高呢？

虽然叶黄素等具有抗氧化等功效，但其在鸡蛋中的占比很低，而在蔬菜和水果中含量更为丰富。如果人们需要补充叶黄素，蔬菜和水果是比鸡蛋更好的选择。

鸡蛋的主要营养成分是蛋白质，单凭蛋黄颜色深浅，并不能得出鸡蛋质量好坏的结论，选购鸡蛋无需过分注重蛋黄颜色，新鲜、卫生、安全的鸡蛋才是理性选择。有不法商家可能通过添加过量着色剂加深鸡蛋蛋黄颜色，以此冒充农家散养蛋牟利。消费者应要从正规渠道购买来源确切的鸡蛋，注意查看其包装、标识、销售凭证等，不要盲目选择来源不明的土鸡蛋或某些所谓的功能蛋。

4. 蛋壳颜色知多少

鸡蛋是日常生活中常见的一种食品，无论水煮还是煎炸烹炒，味道都十分鲜美，富含蛋白质和碳水化合物，是一种性价比很好的食材。在选购鸡蛋时，大家会发现，常见的有褐壳鸡蛋、白壳鸡蛋，还有绿壳鸡蛋。那它们之间到底有什么不同呢？接下来给大家分享一下。

蛋壳的颜色来自鸡蛋在母鸡生殖道内的最后一个加工过程——子宫上皮分泌的色素均匀涂抹在白底的蛋壳上，如卵卟啉提供褐色，胆绿素提供绿色。母鸡的基因不同，分泌的色素不同；母鸡的饮食、健康、个体差异等后天因素对色素分泌也有影响。

白壳蛋鸡的养殖量约占蛋鸡养殖总量的15%，因蛋壳白色而得名。代表品种有京白904、星杂288、罗曼白、海兰W-36、迪卡白等。

褐壳蛋鸡的养殖量约占蛋鸡养殖总量的70%，因蛋壳褐色而得名。多为洛岛红鸡、洛岛白鸡、苏塞克斯鸡等肉蛋兼用型鸡，代表品种有伊莎褐、海塞克斯褐、罗曼褐、海兰褐、京红等。

浅褐壳蛋鸡又称粉壳蛋鸡，利用轻型白来航鸡与中型褐壳蛋鸡杂交产生的鸡种，壳色深浅斑驳不整齐。代表品种有星杂444、天府粉壳蛋鸡、伊利莎粉壳蛋鸡、尼克粉壳蛋鸡等。

一些南美的品种，比如阿劳肯鸡，拥有产生蓝色蛋壳的显性基因。蓝色来自胆绿素，一种来自胆汁的副产品。蓝色色素并非涂在蛋壳表面，而是充斥整个蛋壳，所以蓝蛋的蛋壳内壁也是蓝色的。胆绿素的产量会随母鸡年龄增长逐渐减少，故鸡的年龄越大，其产的蛋颜色越浅。

绿壳蛋鸡，因产绿壳蛋而得名，其特征是所产蛋的外壳颜色呈绿色，这是中国特有的禽种，被农业农村部列入“全国特种资源保护项目”。

此外，某些杂交蛋鸡品种所产鸡蛋，因同时拥有棕色涂层和蓝色蛋壳，外观也是绿色的。当棕色涂层很深时，外观就是橄榄色的。常见的绿壳品种有麻羽绿壳蛋鸡、伊思巴鸡、橄榄蛋鸡（杂交）。

不同颜色的鸡蛋，色素都是在母鸡的输卵管中移动时转移到蛋壳上的，这个过程发生在蛋壳形成的晚期。鸡蛋成形需要 20~26 小时，色素则是在最后 3~6 小时转移到蛋壳上的。除了遗传因素外，还有其他因素会影响每个蛋壳的颜色。个头大的鸡蛋需要的色素就多，所以，如果一只母鸡释放的色素的量恒定，那蛋壳的颜色就会相对浅一些。年龄较大的母鸡产的蛋颜色往往都比较浅。鸡蛋在母鸡体内移动时会发生旋转，这就意味着蛋壳颜色的分布可能会不均匀。压力也会导致母鸡释放的色素减少，继而产下颜色较浅的鸡蛋。

虽然蛋壳的颜色不同，但鸡蛋的营养价值都是一样的，富含大量的优质蛋白质等营养物质。所以消费者在购买鸡蛋的时候，不用太过纠结蛋壳颜色。

第七章　蜂产品

1. 来享受似蜜甜的生活吧

（1）蜂蜜中含有哪些营养成分？

蜂蜜中的营养成分有180多种，主要包括葡萄糖、果糖、蛋白质、氨基酸、维生素、矿物质、酶、有机酸、芳香物质和酚类物质等。

（2）怎么存放蜂蜜？

蜂蜜容易和金属发生反应，适合在玻璃瓶、陶瓷罐和无毒塑料瓶（桶）中存放；蜂蜜有吸水和吸异味的特性，存放蜂蜜的瓶（桶）口要拧紧密封；蜂蜜遇高温容易发生品质变化，最好放在阴凉处。因此，蜂蜜应在干燥、通风、阴凉、无异味的常温环境中密闭储存。

（3）为什么蜂蜜不能用开水冲泡？

蜂蜜中含有大量的酶类和芳香物质，遇高温容易使酶类物质的活性丧失和芳香物质挥发，损失一部分营养成分。所以蜂蜜不能用开水冲泡。

（4）结晶的蜂蜜是假的吗？结晶后还可以食用吗？

蜂蜜结晶是指蜂蜜由透明的液体变成不透明固体的过程。蜂蜜的结晶与蜂蜜中葡萄糖和果糖含量有关，一般葡萄糖比果糖含量高的蜂蜜容易结晶，反之不易结晶。蜂蜜结晶也与温度有直接关系，蜂蜜在13~14 ℃时最容易结晶。所以不能把结晶作为判断蜂蜜质量的根据。蜂蜜结晶是正常的现象，并不影响蜂蜜的营养价值和食用。

（5）深色蜂蜜好还是浅色蜂蜜好？

一般来说，矿物质和类黄酮类物质含量高的蜂蜜，颜色就会比较深。所以深色蜂蜜的矿物质和类黄酮类物质含量比浅色蜂蜜稍高一点，不存在谁好谁差的问题，消费者可根据个人的爱好选购。

（6）蜂蜜的颜色变深了还能吃吗？

蜂蜜长时间放置颜色会变深，这是因为蜂蜜中的糖与氨基酸发生反应，产生了深色物质。这种颜色变化只会对蜂蜜的营养价值稍微有点影响，在保质期内，均可食用。

2. 让蜂王浆走进你的健康生活中

（1）蜂王浆有什么神奇的作用？

蜂王浆是由蜂群中青年工蜂的王浆腺和上颚腺分泌的乳状物质，颜色一般是乳白色、淡黄色或浅橙色，具有酸涩和辛辣的味道。

在“蜜蜂王国”中，蜂王和工蜂都是由受精卵发育而成的雌性蜂，蜂王终生吃蜂王浆，而工蜂只在 3 日龄内“婴儿”期才吃蜂王浆，以后就吃以蜂蜜和蜂花粉为主的蜂粮了。蜂王寿命可达 4～5 年，而工蜂寿命仅为 1～2 个月；蜂王身长比工蜂几乎长 1 倍，体重也比工蜂重 2 倍。蜂王繁殖后代，从春天到秋天，几乎天天产卵，每天产卵的重量可超过蜂王自身体重，蜂王这种惊人的产卵能力，在生物界里是个奇迹。可见蜂王浆的神奇作用。

（2）蜂王浆中含有什么神奇的物质？它具有哪些生物学活性？

蜂王浆中含有一种特有的脂肪酸，学名叫 10-羟基-Δ2-癸烯酸，在自然中，只在蜂王浆中发现，所以俗称王浆酸。

国内外科学家对王浆酸进行了深入研究，结果发现王浆酸具有十分广泛的生物学活性，主要表现有抗菌活性、抗炎活性、免疫调节活性、抗衰老活性、抗肿瘤活性、抗辐射活性、降血糖活性、神经调节活性。

(3) 蜂王浆怕什么?

蜂王浆含有丰富的生物活性物质，具有怕热、怕空气、怕光照、怕金属、怕酸碱、怕杂菌污染等特点。

(4) 怎么吃蜂王浆最好?

最好是采用舌下含服一段时间再慢慢吞咽的方法。这样可以先通过舌下腺吸收其中一部分营养成分，然后在慢慢吞咽过程中，人体充分吸收剩余的营养成分。

(5) 为什么蜂王浆宜在空腹时吃?

蜂王浆中含有多种蛋白质和多肽类大分子营养物质，也含有腺苷等小分子营养成分，空腹时吃可以更有效地消化吸收蜂王浆中各种组分。所以，蜂王浆宜在早晨饭前空腹吃和晚饭后1小时左右吃。

(6) 食用蜂王浆的量怎么把握?

如用于保健，每次吃蜂王浆3~5 g。如用于对某种疾病的辅助治疗，要遵照医嘱，一般每次6~10 g。每天早晚各一次，空腹服用。

(7) 消费者怎样鉴别蜂王浆?

新鲜的蜂王浆一般呈乳状，质地莹润有光泽，有特殊的香味，味道酸涩、辛辣、回味略甜。

经过冷冻的蜂王浆，呈现出晶莹明亮的冰凌状。解冻后，涂抹在手上，有细滑的颗粒感，触感细腻。

(8) 如何储存蜂王浆?

消费者可以把蜂王浆放在-18 ℃的冰箱冷冻室里储存，装蜂王浆的容器可使用干净卫生的食品级塑料瓶，也可以使用陶瓷罐，但千万不能使用铁质容器。装蜂王浆的容器要密封，一般把瓶盖拧紧或封口即可。

如果需要随时食用蜂王浆，可以把一个月的食用量放在冰箱0~5 ℃冷藏室内，随吃随用。

如果需要常温保存蜂王浆，可把蜂蜜与蜂王浆按（1~3）∶1的比例调和均匀后存放阴凉避光处，储存20天左右不会变质。

第八章　水产品

1. 小龙虾质量安全风险如何防控?

每年的小龙虾上市季，很多“吃货”都拒绝不了小龙虾的诱惑——看着球赛，喝着冰啤酒，吃着小龙虾成了不少人消夏的选择。随着小龙虾的养殖量和消费量逐年增加，小龙虾养殖生产的质量安全风险也有所增加。那么该如何保障小龙虾养殖质量安全呢?中国水产科学研究院质量与标准研究中心联合农业农村部水产品质量安全风险评估实验室（武汉）提出以下技术指导意见。

一是要做好水质调控，预防青苔爆发。青苔是丝状绿藻的总称，包括水绵、刚毛藻、水网藻等。青苔可消耗池塘水体中的养料，影响浮游生物的繁殖，使池水变瘦、透明度增加，影响小龙虾的生长。因此，小龙虾养殖前需开展清除青苔的工作，可以通过多次、少量施放经发酵的腐熟有机肥，使水体透明度保持在 30 cm 左右，在培养浮游生物的同时抑制青苔的大面积发生。清除青苔应避免使用除草剂，以肥水结合植草等生态防控，抑制青苔的蔓延，维持水质的稳定，减少后期病害的发生概率，进而保障小龙虾产品的质量安全。

二是要严把饲料质量关，合理精准投喂。在小龙虾饵料投喂中应抓好两个方面。一方面是抓饵料质量。初春越冬虾体质相对较弱，应投喂蛋白质含量较高的配合饲料，满足其发育成长的养分需求。另一方面是抓科学投喂。水温相对较低时，小龙虾吃食量较少，在投喂量上要做到合理、适度，一般日投喂 2 次，每次投放量控制在能两个小时吃完。此外，应使用符合质量安全标准的饲料。一些小龙虾成品饲料的各类营养成分的含量并不能完全匹配小龙虾的最佳需求，使用这些饲料可能影响小龙虾体质，进而产生产品质量安全风险。

三是要坚持生态防控，规范使用药物。小龙虾的细菌性疾病主要是由条件致病菌所致，坚持调整养殖密度、改善养殖环境、合理投喂饲料等，可以避免小龙虾发生细菌性疾病。在改善环境方面，可种植水草，定期对水体进行消毒，一般每隔 10 天进行 1 次，亩用 15~20 kg 的生石灰兑水全池泼洒，这样既有利于杀死水体有害菌，又补充水体钙质，促使小龙虾尽快脱壳生长，也可以用微生物制剂进行水质调节。如果养殖过程小龙虾发生细菌性疾病，一般情况下，使用生石灰、漂白粉、二氧化氯等物质治疗，结合一些调水剂、底质改良剂、微生态制剂、维生素和保肝剂等进行防治。严禁使用有机磷和菊酯类药物防治寄生虫病。坚持生态防控，合理使用药物，是保证小龙虾产品质量安全的必然措施。

2. 河鲀知识知多少

古人云：“不吃河鲀，焉知鱼味？吃了河鲀，百鲜无味。”可见河鲀的鲜美是自古有名，因此它被誉为“菜肴之冠”。但河鲀体内的河鲀毒素却会危及生命健康。

（1）为什么河鲀会有毒？

一般野生的河鲀体内都含有剧毒物质——河鲀毒素，河鲀毒素主要存在于鱼体的内脏和血液，毒素的含量会因河鲀的品种和生长季节的变化而变化。河鲀毒素目前没有特效解毒剂。

养殖河鲀体内的河鲀毒素相对较少，所以我国已经有条件地开放了红鳍东方鲀和暗纹东方鲀这两个河鲀品种的养殖、加工和流通。凡是由通过中国渔业协会备案的生产基地养殖的河鲀，经过规范处理后都是可以安全食用的，消费者可以在中华人民共和国农业农村部官网上查询备案生产基地的信息。

（2）如何区分红鳍东方鲀和暗纹东方鲀？

暗纹东方鲀的主要特点是背部有几条横条纹，胸鳍基部有两个对称的黑点，背鳍有一个非常大的黑斑。红鳍东方鲀胸鳍基部上边靠近背部位置有一个大的黑点，臀鳍是白色的，其他的鳍都是偏黑色的。河鲀遇到危险时，会快速将水或空气吸入极具弹性的胃中，从而变大来吓退掠食者。

（3）消费者在购买养殖河鲀的时候要注意什么呢？

根据国家现有规定，消费者在购买河鲀时一定要注意河鲀加工厂是否有加工资质，应详细检查产品包装。正规厂商加工销售的河鲀产品包装上会有可追溯二维码、产品名称、执行标准、原料基地、加工企业的名称和备案号、加工日期、保质期、保存条件以及检验合格证等信息。河鲀的其他形式的包装食品，如水饺等，也应该有相应的信息标明河鲀的来源。

（4）在外就餐食用河鲀有哪些注意事项？

消费者不应为了满足口腹之欲违规食用野生河鲀。如果不慎食用了未经处理干净的有毒的河鲀，出现了恶心、腹痛、身体麻痹、呼吸困难等中毒症状，应该马上催吐，然后立即就医。

（5）可以把河鲀当宠物吗？要注意哪些呢？

目前，我国对于出售和饲养观赏河鲀还没有明文的禁止，因此一些消费者会将河鲀作为宠物鱼来饲养。消费者将河鲀作为宠物鱼饲养过程中应注意以下 3 点：

①应小心操作，避免被河鲀刺伤；

②不能随意丢弃饲养的宠物河鲀，防止误伤他人或被他人误食；

③宠物河鲀如果死亡，应该深度掩埋或做无害化处理。

考虑到饲养河鲀的风险，建议不要将河鲀作为宠物鱼饲养。

3. 避孕药？抗生素？“蟹蟹”大家，咱们不约！

大闸蟹不仅味道好，还很有营养。随着大闸蟹的大量上市，有关的一些谣言也卷土重来、甚嚣尘上，让消费者对鲜香肥美的大闸蟹望而却步。养殖户给大闸蟹吃避孕药增产、喂抗生素防病……这些谣言说得有鼻子有眼，分析得还头头是道：养殖户或商家给雌螃蟹吃避孕药，使它们不产卵只长肉，肥肥大大，而且大闸蟹越是肥大、肉越厚，则吃避孕药越多。

向大闸蟹喂食避孕药后，母蟹的黄或公蟹的膏就会更多吗？

实质上，“大闸蟹是吃避孕药长大的”这个说法是完全没有科学依据的，养殖户采用这种喂养方法的可能性也比较低。你想想，养殖户喂养的大闸蟹可不是三两只，面对那么一大片湖水里的大闸蟹，得买多少避孕药才能让每只大闸蟹都吃上啊——就算真的每只大闸蟹都吃上了，这得花多少钱啊！所以说，考虑到成本，养殖户也不至于拿避孕药来喂大闸蟹。而且人们吃大闸蟹，吃的就是个蟹黄和蟹膏，这些都是大闸蟹的性腺。避孕药的作用是抑制性腺发育，促进动物身体生长，如果大闸蟹吃了靠谱的避孕药，性腺的成长和成熟受到抑制，会导致蟹黄和蟹膏发育不完全，从而影响口感和整体质量。总之，养殖户是不会做这样的亏本买卖的。

为了防止大闸蟹生病，养殖户会在养殖大闸蟹时使用抗生素或其他药吗？

大闸蟹一般养殖在流水中，如投放了抗生素很快就会被冲走，难以起效果。因此养殖户一般不会使用抗生素。在大闸蟹养殖过程中不可避免地会用到药物，关键看药的品种和剂量。大闸蟹体内的药物残留只要不超标就是安全的。

养殖大闸蟹等水产品，水环境是最重要的，大闸蟹生病了再喂药，效果不明显。所以，养鱼、蟹，都是先养水，一般都是通过控制水温、水质来进行培养。水质好了，大闸蟹是不容易生病的，也就能减少药物的使用。

挑选优质大闸蟹的诀窍：认准青背、白肚、金爪、黄毛、壳硬、肉厚、膏满、肢全的大闸蟹。

4. 食用小龙虾的消费提示

小龙虾，学名克氏原螯虾，又叫红螯虾或淡水小龙虾。主要分布在长江中下游地区的江、河、湖泊中，目前可以人工大量养殖。小龙虾含蛋白质和锌、碘、硒等微量元素，还有虾青素。常见菜肴有麻辣小龙虾、油焖小龙虾、蒜蓉小龙虾等，其味道鲜美，深受消费者喜爱。

消费者应尽量选购产地明确、运输时间短的小龙虾，慎重选购来源不明的小龙虾。选购时要注意以下3点。

一是闻气味。生长于良好水域的小龙虾带有一股自然的虾腥味，没有腐败等异味。

二是看外观。新鲜的小龙虾鲜亮饱满，外壳干净、色泽均匀，虾头虾尾紧密连接，尾部弯曲有力。

三是判活力。鲜活小龙虾四肢完整、活动敏捷。如外界物体靠近小龙虾正面时，其螯足会舞动，说明活力很强。

消费者可根据自己的口味喜好，选择不同的烹调方式。小龙虾的安全食用应注意以下5点。

一是烹饪前应清洗。加工前，仔细刷洗其头部、腹部的褶皱处和尾部等处的泥沙或污垢。

二是虾头、虾线可去除。小龙虾的虾头含有循环系统、呼吸系统和生殖系统，虾线是其消化道。家庭烹饪前，可去除虾头、虾线。在外就餐时，如发现商家未清除小龙虾虾头和虾线，建议在食用时尽量去除。

三是烹饪时间要足够。制作小龙虾时，一定要煮熟、煮透。一般用 100 ℃水至少煮 10 分钟，可通过观察虾体颜色是否一致来判断是否煮熟。最好现煮现吃，尽量不要隔夜。

四是适量食用不贪吃。小龙虾虽美味，但不要过量食用。虾蟹过敏人群、痛风患者应慎重食用。

五是拒吃死虾和变质虾。外出就餐时，如果发现虾有浓烈腥味、虾体散开发直、肉体松软无弹性、肌肉颜色变深、壳身有较多黏性物质等情况，极有可能是遇到了死虾或变质虾，要拒绝食用。

5. 贝类含诺如病毒是真的吗？

生蚝、海虹、扇贝等海水贝类深受消费者喜爱。肥美多汁的贝肉搭配上粉丝、蒜蓉，无论是蒸制还是烤制都十分美味。但有传言说，海水贝类会携带诺如病毒，处理不当可能会引发严重腹泻。

目前研究表明，双壳贝类确实是诺如病毒食源性传播的重要载体之一。诺如病毒检出率相对较高的贝类是牡蛎，也就是大家熟知的生蚝，此外还有像海虹、青口等贝类，也有一定的检出率。

双壳贝类属于滤食性动物，在过滤水体取食的同时，也会把污水中致病微生物，包括诺如病毒过滤到体内，并附着在自己的腮、肠道等部位。如果人不慎食用，那诺如病毒就可能进入人体，微量病毒就能让人感染发病。

因此海水贝类含诺如病毒的传言，并非空穴来风，但并不代表消费者不能再吃海水贝类。

海水贝类含有很多人体必需的氨基酸和微量元素，是一种高蛋白、低脂肪、高钙质的天然保健食品，日常适量食用有益人体健康。我国贝类养殖海域大多属于一、二类海区，正规养殖的贝类的质量安全是有保障的。消费者在烹饪时把贝类彻底煮熟，可以灭活掉可能污染的病毒。有研究表明，在 70 ℃以上的高温环境下持续几分钟，诺如病毒就可以被灭活。

贝类中的诺如病毒，是无法通过清水冲洗或浸泡的方式去除，所以不建议消费者生吃生蚝等海水贝类，而是应将贝类放入煮开的锅中蒸煮5~10分钟，彻底将其煮熟。

吃生蚝的时候，蘸点醋、蘸点辣根，或者再喝点酒，这样能杀菌消毒吗？任何消毒剂对于细菌或者病毒的灭杀作用，都有浓度和作用时间的要求，作为食品类的醋、辣根、白酒，虽然会含有一定量的抑菌或杀菌成分，但其浓度、作用时间远远达不到灭杀的程度，所以，想通过它们杀菌消毒并不能达到预期目的。目前只有彻底加热，才能确保贝类中可能存在的诺如病毒被灭活。

相比诺如病毒，食用不新鲜的海水贝类而导致的腹泻更为常见。消费者应到正规的超市、农贸市场、海鲜市场购买海水贝类。消费者在挑选贝类时，一定要查看它的新鲜度。第一，通过观察来判别。新鲜贝类往往含水量高、有光泽、肉质紧实、饱满，而不新鲜的贝类，往往肉质松散、皱缩且黯淡无光。第二，通过闻气味来判别。新鲜贝类有正常的海水鲜味，而不新鲜的贝类往往带有腥臭等异味。第三，通过触碰贝肉或贝壳来判别。如果是已开口的贝类，触碰后看它能否快速把壳闭上，如果能快速闭上，说明十分鲜活，反之就不新鲜了。

第九章　营养健康

1. 日常保健如何选择人参、西洋参?

人参作为“中药三宝”之首、“东北三宝”之首，是众所周知的“百草之王”，多年生草本植物，它起源于我们中国，从药用到食用在中华民族有着几千年的悠久历史。人参到底长什么样?在日常生活中，怎么知道自己是适合吃什人参还是西洋参?下面就来给大家揭秘!

人参、西洋参是五加科人参属代表植物。人参原产于中国，长白山区是人参主产区，抚松县更有“人参之乡”的美誉。

西洋参又称花旗参，是从国外引种的品种，1975 年中国农业科学院特产研究所和中国科学院植物研究所等 11 个科研生产单位协作，开展了西洋参多点引种试验研究，1980 年引种成功。目前，西洋参在吉林省、黑龙江省、辽宁省和山东省多有栽培。

人参、西洋参按温热寒凉的药性来分，有性寒凉的西洋参，性微温的生晒参和性燥热的红参。“寒者热之，热者寒之”是中医的基本治法之一。意思是，如果身体燥热，用寒凉的药物来滋阴泻火;如果身体寒冷、四肢不温，则用温热的药物温补扶阳。免疫力低下，畏寒怕冷，手脚冰凉也就是中医说的阳气不足的人群适合吃红参，但阴虚燥热，高血压患者不适合长期吃。阴虚燥热，晚上睡觉出虚汗，咽干口渴，牙龈红肿易上火，大便干结，经常熬夜的人适合吃西洋参，但脾胃虚寒的人不适合长期吃。生晒参药性温和，普适性强，适宜兼有四肢不温、阴虚易上火的人群长期使用。生晒参是将鲜人参清洗后，经过日晒、烘干等工序而成，鲜人参比生晒参药性更加平和，适应人群最广泛，适宜长期吃。

人参一天吃多少合适呢？生晒参、红参干品：根据人参食用原则，人参保健用量应该从小剂量开始，每天 1~3 片薄参片，煎汤服用或者嚼化，身体没有不适反应以后，逐渐加大剂量，让人体有一个逐渐适应和耐受的过程。2012 年，卫生部发布《关于批准人参（人工种植）为新资源食品的公告》，建议成人每人每天食用 5 年及 5 年以下人工种植的人参不超过 3 g。对于成人来说，鲜人参每日服用量：长白山园参，10 g 左右；西洋参，15 g 左右；20 年以上的鲜林下山参，5 g 以下；鲜野山参，1 g 左右。以上为每日保健参考用量，药用治疗应遵医嘱。

2. 科学认知硒元素的营养价值

硒元素是化学元素周期表中的第 34 号元素，于 1817 年被发现，在之后的 100 多年里一直被当成有毒元素，直到 1957 年后才逐渐被认识到其特殊的营养价值和对人体健康的重要性。1973 年，世界卫生组织公布硒与铜、铁、锌、碘等并列为人体必需的 14 种微量元素之一。作为组成多种硒酶和蛋白质的重要部分，硒具有多种生物活性，在人体免疫、生殖功能、甲状腺激素代谢、延缓衰老和预防肿瘤等方面具有重要作用。

膳食结构中硒摄入不足，会导致缺硒性的地方疾病，如克山病和溪山症，另外还导致甲状腺肿、呆小症和习惯性流产等患病率增加。硒在人体内常以甲硒胺酸和硒半胱氨酸的形态存在，其中前者无法由人体合成，只能经饮食摄入后再消化代谢形成。因此，通过饮食摄入的硒成为人体补充硒的主要来源。近年来“富硒”概念日益火热，市场上出现了大量的“物以硒为贵”的高价富硒农产品，如富硒大米、富硒茶、富硒蔬菜、富硒花生、富硒鸡蛋等。不少地方把发展富硒农业当作助推乡村振兴和高质量农业发展的工作亮点。

硒在自然界中的存在形态包括无机硒和有机硒。无机硒一般指亚硒酸钠和硒酸钠，其必须先与肠道内的有机配合体结合才能被人体吸收利用。但肠道内存在多种成分与无机硒争夺有机配合体，使无机硒的生物利用率大大降低。另外，无机硒毒性较大，其用量难以控制，容易对人体造成伤害。相比之下，有机硒生物安全性更高，具体包括硒蛋白、硒代氨基酸、硒多肽、硒多糖等，这些有机硒能在机体内转变成生理活性物质，容易被人体吸收利用。

因此，富硒农产品中的有机硒含量直接关系到富硒农产品的营养与保健功能。然而目前，我国市场上富硒产品名目繁多，富硒产品标准体系尚不健全，同种产品硒含量范围不一致。“含硒”和“富硒”概念混淆，农产品中存在直接添加无机硒以及硒含量未区分有机硒和无机硒等问题，再加上有的商家夸大宣传其效果，导致消费者难以识别产品优劣。

土壤硒含量在不同区域分布不均匀。我国富硒土壤主要集中于南部和西北部，如湖北恩施、陕西安康等地。这些区域所特有的天然富硒农产品主要是由于农作物生长在富硒土壤中，通过自身的代谢作用，将无机硒转化为生物活性更高的有机硒。而目前，各地发展的富硒农业主要是使用硒生物强化技术种植富硒农作物，即人工强化富硒农产品。主要是在正常硒含量或低硒地区，在植物生长过程中进行外源增施硒肥，形成硒含量较高的富硒农产品。农产品硒的生物累积效应既受到喷硒浓度和农作物品种的影响，也受到气候条件等因素的影响。采收前 25 天不准在农作物叶面喷洒，保证农作物有充足的时间将富硒肥转化为有机硒。市面上宣传的富硒农产品，如果不严格按照这个标准操作，其含有的硒极可能就不是有机硒，而只是“伪富硒”产品，不仅不能为人体提供营养，还会对人体造成危害。

硒对人体具有重要作用，但硒的功能因其形态不同而存在差异，科学补硒显得尤为重要。人体对硒的需求随年龄的增长而增长，成人每日建议摄入硒100~200 μg，最高限量为800 μg，过多反而会形成慢性中毒，硒日摄入量超过3 000 μg，会引发急性毒害。因此，补硒不是越多越好，不同人群应按需补充，不可盲目过多消费富硒农产品，防止出现硒中毒。

由于富硒农产品带来的高价值，不少商家蹭富硒的热点，进行夸大宣传，把没有富硒依据的“伪富硒”农产品也标为富硒农产品。因此，消费者选购富硒农产品时，应尽量选择具有富硒农产品认证而不仅是其产地土壤检测报告的富硒农产品。

3. 葡萄籽的保健功效与吃法

许多人吃葡萄时，会将籽吐掉，殊不知葡萄籽中具有多种成分，不仅具有营养价值，还具有特殊保健功效。

（1）葡萄籽油

葡萄籽油含量为8%~20%。葡萄籽油中含有大量的不饱和脂肪酸，其中最主要的是亚油酸，含量在58%以上。亚油酸是人体合成前列腺素的主要物质，并且它能够与体内的胆固醇结合，减少胆固醇在动脉血管中的积累，加快体内胆固醇的代谢速度。另外，葡萄籽油中还含有一些人体所需的矿物质和微量元素，其中含量较高的有钙、铁、钾、铜、钴、锌、锰等。

（2）原花青素

原花青素是一类多酚类物质，占葡萄籽含量的5%左右。具有水溶性好、生物利用度高等特点，其中的活性酚羟基具有清除自由基和抗氧化能力，可以阻止自由基对人体细胞的破坏，保护人体的器官、组织和皮肤。

（3）单宁

单宁约占葡萄籽含量的40%。单宁同样是一类较为常见的多酚类物质，为类黄酮和非类黄酮的聚合物，又称为鞣酸、单宁酸。葡萄酒中的单宁一般是由葡萄籽、皮及梗浸泡发酵而来，可以决定酒的风味、结构与质地。单宁丰富的红酒可以存放经年，并且逐渐酝酿出香醇细致的陈年风味。当葡萄酒入口后口腔感觉干涩，口腔黏膜会有褶皱感，那便是单宁在起作用。单宁能与蛋白质或其他聚合体（如多糖）结合，使其沉淀出来，对于不溶于水的蛋白质，则使其化学稳定性和物理稳定性增加，起鞣制作用。单宁是多种传统中草药中的活性成分，具有独特和多样的生理活性，它是有效的抗诱变剂，同时可以提高体细胞的免疫力。

（4）白藜芦醇

白藜芦醇也是葡萄籽的成分之一，含量约为2%，它能与人体内雌性激素受体结合，调节血液中胆固醇水平；还能抑制低密度脂蛋白过氧化和血小板凝集，调节脂类蛋白代谢水平。

（5）葡萄籽蛋白

葡萄籽蛋白质含量约为8.9%，主要分布于胚乳、胚中，以结合状态（如糖蛋白、金属蛋白等）和游离状态存在于细胞的膜系统和胞内外基质中。葡萄籽蛋白质具有起泡性，影响着食品的品质，其碱性蛋白酶酶解物还有清除羟基自由基的能力，经水解后形成的多肽极易被人体消化吸收并具有生物活性。

葡萄籽表面有一层膜，在人体胃肠道不易被分解消化，因此，直接吃我们很难吸收到葡萄籽的全部营养。若要提高葡萄籽食用效率，让葡萄籽的功效充分发挥，可进行如下操作：

①吃葡萄时，把籽嚼碎吃下去；

②用料理机把整个葡萄打成浆汁，连同果渣全部吃下去；

③把干燥的葡萄籽磨成细粉，冲水喝或装胶囊吞服；

④如果葡萄籽有很多，有条件的可以制成葡萄籽油。葡萄籽油里亚油酸和原花青素含量都很高且易于人体吸收。

4. 什么是可可脂、类可可脂、代可可脂？

巧克力类食品以入口即化、丝滑醇香的口感征服了全世界各个角落的各类人群，尤其是无数儿童、青少年。巧克力这独特的风味主要是由其含有的可可脂所赋予。但是目前的巧克力产品中除了含有天然可可脂，还含有类可可脂与代可可脂。

可可脂是可可豆中的天然脂肪，含量为10%~25%。可可脂主要由98%甘油三酯、1%游离脂肪酸、0.3%甘二酯、0.2%单甘酯、150~250 mg/kg生育酚和0.05%~0.13%磷脂组成。可可脂来源于可可树（*Theobroma cacao*）的种子（可可豆）（彩图14），可可豆通常是连同果肉一起进行发酵、晾干和烘焙，这个过程赋予了可可豆一种浓郁的香味，也是巧克力独特香味的基础。就像花生、大豆等油料作物种子一样，可可豆富含油脂——可可脂，经过磨碎和压榨处理，可可脂被压榨提取出来，剩下的就是粗制的可可粉。可可脂中的硬脂酸含量较高，而硬脂酸可以通过降低肠道胆固醇吸收从而降低血清和肝脏中胆固醇含量；动物试验表明膳食中硬脂酸能够降低胆固醇含量，同时可能会对胆酸的生成进行调节。可可脂是评价巧克力产品品质的重要指标之一：巧克力生产原料中可可脂的含量越高，巧克力越醇香，营养价值也越高。巧克力入口即化、丝滑醇香的特征，很大一部分是由其含有的可可脂所赋予的。

类可可脂是从天然植物油中分馏提取出的天然可可脂代用油脂。用于生产类可可脂的植物种类范围较广，包括乳木果、棕榈果、芒果等。类可可脂中甘油三酯含量及脂肪酸组成与可可脂极为相似，理化性能也相近，在口感、风味、硬度等方面和可可脂接近。在巧克力工业生产中，类可可脂代替可可脂的含量在5%~20%内波动，其制得的产品在黏度、硬度、脆性、膨胀收缩性和流动性等方面与可可脂极为相似，并且可以大大降低生产成本。同时，与代可可脂相比，类可可脂是从天然植物油中通过分馏提取得到的，没有经过氢化过程，不会产生大量反式脂肪酸。

代可可脂是巧克力产业中使用的另一类可可脂代用油脂，与类可可脂不同的是，代可可脂在制作巧克力时无需调温，因此也称非调温型硬脂。根据其原料不同，代可可脂可分为月桂酸型硬脂和非月桂酸型硬脂，其本质都是氢化植物油。代可可脂的物理性质与可可脂相似，但甘油三酯的含量及组成与可可脂相差甚远，而且氢化植物油是反式脂肪酸的主要来源之一，反式脂肪酸会增加冠心病、心肌梗死、糖尿病等的发病风险，对身体健康十分不利。现行标准《巧克力及巧克力制品、代可可脂巧克力及代可可脂巧克力制品》（GB/T 19343—2016）规定：代可可脂添加量超过5%（按原始配料计算）的产品应命名为代可可脂巧克力；巧克力成分含量不足25%的制品不应命名为巧克力制品。

5. 美味炸鸡大揭秘：起酥油到底有没有反式脂肪酸?

你知道大家有多爱吃炸鸡吗?我们搜集了四川省21个市州与“炸鸡”相关的商户数量，根据炸鸡店数量排名统计，成都市炸鸡店的数量一骑绝尘，高达4 000多家。

为什么外面卖的炸鸡、薯条总是比自己做的好吃呢?关键的秘密就是它——起酥油。起酥油是经精炼的动植物油脂、氢化油或上述油脂的混合物，煎炸食品可使制品酥脆。

科研人员用起酥油和普通植物油分别做出两份炸物进行对比。用植物油炸鸡和薯条油烟味较大，当炸鸡外表金黄时其实里面的肉还没有熟，但炸久了颜色就会变成焦褐色，吃起来口感中规中矩。用起酥油炸鸡和薯条，炸物呈金黄色，气味香浓，外酥里嫩，刚炸出来食用酥脆可口，但是温度一旦下降，炸鸡和薯条上面的油脂凝固，再次食用嘴里会有黏腻感。

有不少人担心，使用起酥油会产生不利于健康的反式脂肪酸。科研人员对两份炸物进行了脂肪酸组成检测，检测每种脂肪酸在油脂中的占比。实验数据可以表明，在炸制食品本身不含有脂肪酸时，炸制食品的主要脂肪酸组成就是所用油的脂肪酸组成，油品好坏决定炸制食品脂肪酸组成好坏。但是如果炸制食品本身具有一定的脂肪，在炸制的过程中受自身脂肪变化的影响，脂肪酸差异比较大。比如炸薯条，因为马铃薯的主要成分是淀粉，脂肪含量低，起酥油炸出的薯条和起酥油的脂肪酸构成很接近。在此次实验中，并未在起酥油和其炸制食品中检出反式脂肪酸，所以使用合格的起酥油制作食物不会产生有害物质反式脂肪酸。

营养学家建议控制油炸食物的频率和食用量。食物经过油炸就会大大增加其脂肪含量，油炸过程中，脂肪酸发生热氧化聚合反应，会形成多环芳烃等致癌物。反式脂肪酸的生成量与油炸时间和温度有较大关系。油炸食物最好自制，油不要反复使用；可以选择空气炸锅代替油炸，不额外加油可以减少脂肪含量。

6. 鹿茸

鹿茸是指生长在梅花鹿公鹿或马鹿公鹿额骨顶部未骨化的幼角，因其表皮上长有致密的茸毛而称为鹿茸，前者习称花鹿茸，后者习称马鹿茸。对于人工饲养的梅花鹿和马鹿，可在夏、秋季鹿茸未骨化之前将其锯下，经加工干燥后储藏保存。如果未进行人工收获，鹿茸到秋季将逐渐骨化，茸皮脱落后变得非常坚硬，称为鹿角。鹿茸角则是鹿茸和鹿角的总称，二者皆可入药。

鹿茸角是鹿科动物的第二性征。鹿茸角是可以再生的，在正常情况下，每年周期性生长脱落一次，周而复始。

鹿茸是一种名贵的中药材和保健品原料。明代李时珍的《本草纲目》中曾记载鹿茸“生精补髓，养血益阳，强筋健骨”。《中华人民共和国药典（2020版　一部）》中记载鹿茸“壮肾阳，益精血，强筋骨，调冲任，托疮毒。用于肾阳不足，精血亏虚，阳痿滑精，宫冷不孕，羸瘦，神疲，畏寒，眩晕，耳鸣，耳聋，腰脊冷痛，筋骨痿软，崩漏带下，阴疽不敛”。

第十章　全程质量控制与优质化

1. 草莓安全生产与管控系列之一：农资采购“三要三不要”

一要看证照。要到经营证照齐全、信誉良好的合法农资商店购买。不要从流动商贩或无证经营的农资商店购买。也不要通过网络购买，虽然网上采购很方便，但发生纠纷时很难索赔。更不要从上门推销的人员处购买。

二要看标签。要认真查看农资产品包装和标签标识。查看的内容包括登记证号、产品名称、有效期、使用范围和使用方法。要注意农药毒性级别，不要采购高毒、剧毒农药。此外，也要查验产品质量合格证。不要盲目轻信广告宣传和商家的推荐，不购买与草莓或防治对象不符的农药。

三要留票据。农资采购时，要向农资经营者索要带公章的销售凭证，并连同产品包装物、标签等妥善保存好，以备出现质量等问题时作为索赔依据。这是保护自己利益的行为，一定要做到。

相对应的三不要，就是不要接受未注明品种、名称、数量、价格及销售者的字据或收条。这些内容未注明，相当于没用，无法进行追责和索赔。

消费者应记牢农资采购“三要三不要”，维护自己的利益。

2. 草莓安全生产与管控系列之二：农药标签管理要求

中华人民共和国农业部令2017年第7号规定，自2017年8月1日起施行《农药标签和说明书管理办法》（以下简称“管理办法”）。根据规定，农药标签就像身份证一样，是用来证明农药合法身份的。没有标签或者标签内容不符合要求的都会被认定为假农药。

农药标签应该标注哪些内容呢？

管理办法中第八条规定农药标签应标注以下内容：一是要有农药名称、剂型、有效成分及其含量；二是要有农药登记证号、产品质量标准号以及农药生产许可证号；三是要有农药类别及其颜色标志带、产品性能、毒性及其标识；四是要有使用范围、使用方法、剂量、使用技术要求和注意事项；五是要有中毒急救措施；六是要有储存和运输方法；七是要有生产日期、产品批号、质量保证期、净含量；八是要有农药登记证持有人名称及其联系方式；九是要有可追溯电子信息码；十是要有像形图；十一是要有农业部（现农业农村部）要求标注的其他内容。

农药标签不得标注哪些内容呢？

管理办法中第三十四条规定标签中不得含有虚假、误导使用者的内容，有下列情形之一的，属于虚假、误导使用者的内容：（一）误导使用者扩大使用范围、加大用药剂量或者改变使用方法的；（二）卫生用农药标注适用于儿童、孕妇、过敏者等特殊人群的文字、符号、图形等；（三）夸大产品性能及效果、虚假宣传、贬低其他产品或者与其他产品相比较，容易给使用者造成误解或者混淆的；（四）利用任何单位或者个人的名义、形象作证明或者推荐的；（五）含有保证高产、增产、铲除、根除等断言或者保证，含有速效等绝对化语言和表示的；（六）含有保险公司保险、无效退款等承诺性语言的；（七）其他虚假、误导使用者的内容。

以醚菌酯为例，对农药标签上应标注内容进行介绍。如彩图15所示，左上角的“翠贝”是醚菌酯的商品名，管理办法并未规定必须要有商品名。

右上角是农药的“三证”，其中农药登记证号以“PD”开头；农药生产许可证号以“XK”开头；产品质量标准号一般以“GB”或“Q”开头。

标签的中间偏上位置是农药名称，这里是醚菌酯；在其正下方是剂型、有效成分及其含量，含量一般用%或克/升（g/L）表示，这里是用%表示，即50%，剂型是水分散粒剂。

农药毒性及其标识标注在剂型正下方，包括剧毒、高毒、中等毒、低毒、微毒5个级别，这里是低毒。左下角标注了净含量，净含量的单位为国家法定计量单位，即克或毫升。

在标签的最底部是农药类别及其颜色标志带，这里用文字“杀菌剂”加黑色带表示醚菌酯是杀菌剂。杀虫剂为红色带，除草剂为绿色带，植物生长调节剂为深黄色带，杀鼠剂为蓝色带。

如彩图16所示，包装的反面标注了醚菌酯的使用技术和使用方法。主要包括适用作物和防治对象，这里包括草莓和白粉病，使用方法为喷雾，制剂用药量为3 000~5 000倍液。

二维码是这包醚菌酯的可追溯电子信息码，通过手机扫一扫，可以查询农药名称、农药登记证持有人名称等信息。

联系方式主要包括农药登记证持有人、企业或者机构的住所和生产地的地址、邮政编码、联系电话、传真等。

下面是质量保证期，一般农药都是两年。质量保证期也可以用有效日期或者失效日期表示。

再下面是生产日期和产品批号，生产日期是按照年、月、日的顺序标注，年份用四位数字表示，月、日分别用两位数表示。产品批号包含生产日期的，可以与生产日期合并表示。

标签最底下部分是像形图（彩图 17），像形图用黑白两种颜色印刷。

像形图主要有 4 种，分别代表不同的意思，如储存像形图，表示农药应放在儿童接触不到的地方，并加锁。操作像形图，表示配制农药、施药时要怎么操作。忠告像形图，表示要戴手套、戴防护罩等。还有一种是警告像形图，如警告对家畜有害等。

管理办法中第十条规定，农药标签过小，无法标注规定全部内容的，应当至少标注农药名称、有效成分含量、剂型、农药登记证号、净含量、生产日期、质量保证期等内容，同时附具说明书。说明书应当标注规定的全部内容。

醚菌酯的说明书正面标注了产品性能，主要包括产品的基本性质、主要功能、作用特点等。

说明书反面中，使用技术要求主要包括施用条件、施药时期、次数、最多使用次数，对当茬作物、后茬作物的影响及预防措施，以及后茬仅能种植的作物或者后茬不能种植的作物、间隔时间等。其中安全间隔期及施药次数应当醒目标注，字号大于使用技术要求其他文字的字号。

注意事项应当标注以下内容：一是对农作物容易产生药害，或者对病虫容易产生抗性的，应当标明主要原因和预防方法；二是对人畜、周边作物或者植物、有益生物（如蜜蜂、鸟、蚕、蚯蚓、天敌及鱼、水蚤等水生生物）和环境容易产生不利影响的，应当明确说明，并标注使用时的预防措施、施用器械的清洗要求；三是已知与其他农药等物质不能混合使用的，应当标明；四是开启包装物时容易出现药剂撒漏或者人身伤害的，应当标明正确的开启方法；五是施用时应当采取的安全防护措施；六是国家规定禁止的使用范围或者使用方法等。

中毒急救措施应当包括中毒症状及误食、吸入、眼睛溅入、皮肤沾附农药后的急救和治疗措施等内容。

储存和运输方法应当包括储存时的光照、温度、湿度、通风等环境条件要求及装卸、运输时的注意事项，并标明“置于儿童接触不到的地方”“不能与食品、饮料、粮食、饲料等混合储存”等警示内容。

3. 草莓安全生产与管控系列之三：看标签用农药

中华人民共和国农业部令2017年第7号《农药标签和说明书管理办法》规定，在中国境内经营、使用的农药产品应当在包装物表面印制或者贴有标签。产品包装尺寸过小、标签无法标注本办法规定内容的，应当附具相应的说明书。简单地说，标签是农药的一张身份证，这就要求农户在使用农药过程中要学会从以下6个方面看标签。

一看标签主体。如果发现标签中含有以下内容的，不要使用：

①夸大产品性能及效果、虚假宣传、贬低其他产品或者与其他产品相比较，容易给使用者造成误解或者混淆的；

②利用任何单位或者个人的名义、形象作证明或者推荐的；

③含有保证高产、增产、铲除、根除等断言或者保证，含有速效等绝对化语言和表示的；

④含有保险公司保险、无效退款等承诺性语言的。

当标签上包含上述内容，则代表农药不是正规登记生产的。

二看农药登记证号。农药登记证号一般在标签右上角，以“PD”开头，但现在造假水平很高，需要上网验证该农药登记证号。登录中国农药信息网，在网站首页右下角找到“农药登记数据”模块，点击后在“登记证号”处输入完整的登记证号就可以查询，如果是已登记过的农药，就会出现与标签上一致的信息。农户还可以使用手机进行查询，如使用微信扫一扫等进行防伪查询。如果要获得详细信息，可以通过下面两种方式进行：一是微信关注“微语农药”公众号，在首页左下角点“登记查询”，可选择“农药公共查询”或“农药扫码查询”，如果查询显示的结果与标签一致，那就说明该农药在国内获得登记使用；二是手机下载“中国农药查询”App，在首页最上面搜索框中输入农药登记证号，选择“农药登记”就可以获得农药信息，也可以使用搜索框旁边的“扫描”按钮来扫描。如果查询显示的结果与标签一致，那就排除了假农药的可能，可以放心使用。

三看使用技术。首先看作物一栏有没有草莓，再看防治对象有没有自己要防治的病虫害，两者都有就按标注的制剂用药量和使用方法进行使用。如果所有作物的防治对象里都没有本次要防治的病虫害，那就不要购买这种农药。

四看有效日期。农药有效期一般为 2 年，如果有效期未直接标注年、月、日，就按生产日期来看，生产日期按照年、月、日的顺序进行标注。有些农药产品生产日期与生产批号合并在一起，如 2018120601，前面 8 个数字就是生产日期，注意不要使用超过有效期的农药。

五看安全间隔期。主要看草莓每个生长季最多喷药次数和安全间隔期，如醚菌酯治理草莓的病虫害时每个生长季最多喷药次数为 3 次、安全间隔期为 5 天。施药后要间隔 5 天后才能采收上市，否则存在安全风险。

六看注意事项。主要关注以下 3 方面内容。

①关注是否有与其他农药等物质不能混合使用的情况，如醚菌酯不可与强酸、强碱性物质等混用。如果标签上有这种标识，混用时要注意。

②关注对农作物是否产生药害，如有，则使用时要注意，尽量不要在这种农作物上使用，或者按照标签要求进行使用；对病虫产生抗性的，与其他不同作用机制的农药混用或轮用，以延缓抗性产生。

③关注安全防护措施，如施药时必须穿戴防护衣或者使用防护

措施等。

4. 畜禽粪肥中兽药风险防控指南

耕地质量是实现生态优先、绿色发展的重要保障，事关国家重大战略。畜禽粪肥是保持耕地生产力的重要肥料投入品，由于养殖过程中使用的兽药有相当比例随粪尿排出，造成兽药及重要耐药基因在集中施肥的农田环境中释放与迁移，影响产地质量和优质农产品供给。

针对这一问题，在农业农村部农产品质量安全监管司畜禽废弃物风险评估专项的支持下，农业农村部农产品质量安全风险评估实验室（南京）牵头组织相关单位对畜禽粪肥中兽药发生及其全程管控技术进行了深入研究，揭示了发生风险及关键控制点，从安全生产出发，提出了畜禽粪肥中兽药风险全程管控技术，为保障畜禽粪肥资源化安全利用提供技术支撑。

（1）药物源头减量

一是品种选择。

养殖场引入畜禽品种时，应根据当前饲养场的生产需求、目的以及自然气候条件，从持有《种畜禽生产经营许可证》的场选择生产水平高、抵抗能力强、遗传性能稳定的品种，引入的品种不携带特定疾病，不从疫区引入品种，通过良种增加对疫病的抵抗，保证畜禽产品安全和品质提升。

二是管理措施。

提高畜禽饲养管理水平可增强机体抵抗力，提升动物健康水平，从养殖环节减少兽药应用。

饲养密度：统筹考虑养殖效益、动物健康、环境承载力，参照《绿色食品　畜禽卫生防疫准则》（NY/T 473—2016）对畜禽养殖数量控制，提高动物抗病力，实现畜禽减抗健康养殖，在供给优质、安全、健康、营养的畜禽产品的同时减少畜禽粪便中兽药残留量。

舍内环境：应根据畜禽养殖特点，合理规划和控制养殖舍内光照强度、温湿度，以及氨气、硫化氢、二氧化碳、悬浮颗粒物浓度等影响因素，通过照明、通风、控温等设备设施，降低不良因素的刺激。可安装养殖环境智能控制系统，配备自动喂料、饮水与清粪装备，实现舍内环境管理智慧化和精细化，结合节水、节料和干清粪等清洁养殖技术，从而营造适宜的养殖环境、提升动物生活质量、增强机体免疫力、降低疾病发生与兽药的使用。

消毒防疫：养殖场应制定科学合理的消毒和防疫程序，参照《绿色食品　畜禽卫生防疫准则》（NY/T 473—2016）健全防疫体系。对畜禽、生产区域、生产和运载工具、工作人员等进行严格的灭菌消毒，根据不同病原特征和消毒对象选择消毒剂，不得随意加大剂量，注意消毒剂之间的配伍禁忌，当发生疫情时，应适当增加消毒频次。养殖场应主动实施程序化免疫，选择经国家批准使用的疫苗，按照说明书推荐方式使用。

人员管理：养殖场建立人员管理规范，强化养殖与兽医从业人员养殖标准化和科学合理用药培训，鼓励将养殖场的信息化学习系统对接兽药管理机构与协会的新媒介，充分利用专业机构的科技优势，学习养殖新技术与安全用药知识，持续提高从业人员素养，规范兽药的用药行为。

三是投入品控制。

饮水、饲料和兽药投入品是畜禽粪便中兽药残留的重要来源，加强输入途径的控制，使用合格产品，鼓励使用安全、高效、低残留的兽药替代产品，促进绿色养殖发展，从源头减少兽药使用量。

饮水控制：选择水质较好的自来水、河水或井水作为水源，定期送检，水质达规定要求。通过饮水给药治疗的，不得超范围、超剂量使用药物，不得使用禁用药物，严格遵守休药期等有关规定。

饲料控制：严格执行药物饲料添加剂“禁抗”规定（中华人民

共和国农业农村部公告第 194 号），不得在饲料中添加禁用药物。通过饲料给药治疗的，不得超范围、超剂量使用，严格遵守休药期、配伍禁忌等有关规定。

兽药投入品控制：养殖场应积极参与《兽用抗菌药使用减量化行动试点工作方案（2018—2021 年）》。建立兽药采购、储存、使用等环节管理要求和操作规程，遵从兽用处方药管理、分级管理、安全间隔期、休药期等管理制度，在兽医指导下按照使用剂量和范围对症用药，不凭经验、不乱用或滥用兽药，严格执行《食品安全国家标准 食品中兽药最大残留限量》（GB 31650—2019）、《食品动物中禁止使用的药品及其他化合物清单》（中华人民共和国农业农村部公告第 250 号）、养殖用药明白纸及相关公告中禁用药物，系统规范兽药使用行为。按照规定进行动物疾病的预防、监测、控制和净化，鼓励使用安全、高效、低残留的中兽药、低聚糖、微制剂、噬菌体等抗菌药物替代产品。通过多途径多手段降低兽药使用量。

（2）粪肥高效降解

粪便分类处置：将治疗期间的畜禽粪便与常规饲养产生的粪便分别收集，兽药污染的畜禽粪便，在正式处理前开展预处理，包括但不限于将畜禽粪便与其他一同发酵的干物质混合对高浓度兽药进行稀释（降低残留初始浓度）、增加粪便的光照或紫外线暴露、添加降解菌等多种方式，充分利用光解、温度、微生物等非生物和生物活动，促进粪便中兽药的降解和去除。

粪便处理模式：畜禽粪污禁止直接还田应用，鼓励应用先进的粪便处理技术。规模养殖场、畜禽粪污处理企业或区域性粪污集中处理中心，根据配置的设施，选择适宜的粪便处理方式，优先选择主管部门在畜禽粪污资源化利用主推技术中的粪污沼液厌氧处理、好氧堆肥处理等方式。

在粪污沼液厌氧处理方式上，对粪便和粪水集中收集，利用沼气工程进行厌氧发酵，并对产生的沼渣和沼液经过好氧再次处理；在好氧堆肥处理方式上，利用条垛式、槽式发酵床、立式发酵罐进行好氧处理，并提高发酵温度和延迟堆肥时间。通过多处理方式，对粪污中高风险兽药进行高效降解，从处理环节避免向农田环境的扩散。畜禽粪污处理还应符合《畜禽养殖业污染物排放标准》（GB 18596—2001）、《畜禽粪便无害化处理技术规范》（GB/T 36195—2018）等相关规定。

生物菌剂利用：微生物菌株安全性应符合《微生物肥料生物安全通用技术准则》（NY/T 1109—2017）的规定，在畜禽粪便处理过程中添加适宜的生物菌剂，提高粪肥的处理温度，延长高温持续的时间，提高粪肥中兽药的降解，显著降低兽药残留量。

粪肥产品质量：对于畜禽粪便处理后形成的粪肥产品，产品标准对兽药含量有要求的应符合该产品标准的要求；产品标准对兽药含量没有规定，为保障畜禽粪肥产品中兽药风险可控、提高商品肥价值，对风险评估结果证明存在安全隐患的可提出预警值，作为生产经营管理的依据。产品还应符合《有机肥料》（NY/T 525—2021）、《肥料中有毒有害物质的限量要求》（GB 38400—2019）等相关规定。

（3）粪肥药物监测

畜禽粪肥中兽药测定参照《国家畜禽废弃物风险评估药物残留测定操作细则》、《有机肥料中土霉素、四环素、金霉素与强力霉素的含量测定　高效液相色谱法》（GB/T 32951—2016）、《有机肥中磺胺类药物含量的测定　液相色谱-串联质谱法》（NY/T 3167—2017）等规定执行，当产品中兽药含量达到预警值时，应立即查找原因，消除污染源和改善控制措施。

（4）防控记录应用

收集、记录、整理畜禽粪肥中兽药风险防控的各类信息和资料，建立档案，妥善保存。主要信息和资料包括药物种类、使用时间、方式用量、防控措施和效果评价等。对记录数据定期梳理分析评价，不断完善畜禽粪肥中兽药风险防控技术。

5. 如何降低水果农药残留风险

水果是大家普遍都非常喜爱的食物，而水果的农药残留问题也一直是大家关心的话题。水果的农药残留风险真的很高吗？实际上，通过近几年的监测发现，水果农药残留超标率很低，总体是安全的。

可以采用哪些方式来降低农药残留风险？

眉山市农业质量检测中心筛选出有农药残留的柑橘样品进行试验，发现去皮后果肉中农药残留几乎为零。其他的检测机构以草莓为对象，筛选出有农药残留的样品进行试验，发现清水、淘米水和淡盐水等不同清洗方式，均能有效降低农药残留风险。

此外还有许多研究和试验表明，去皮和清洗是降低水果农药残留风险的有效方式。

6. 科学认识土壤对农产品质量安全的影响

土壤是农业绿色发展和人类赖以生存的基础，人类95%以上的食物来自土壤。土壤的不合理使用造成了土壤酸化、盐渍化、耕层变浅、土壤污染、生物多样性下降、土传病害频发等问题，影响健康食物的生产。

对土壤造成危害的主要污染物可分为有机污染物（农药、抗生素、塑化剂、全氟化合物、二噁英等）和无机污染物（重金属等）。

①农药。种类：有机氯类杀虫剂、有机磷类杀虫剂、氨基甲酸酯类杀虫剂、拟除虫菊酯类杀虫剂、三唑类杀菌剂、酰胺类除草剂等。来源：农药使用。

②塑化剂、微塑料。种类：邻苯二甲酸酯类等、微塑料。来源：农膜、地膜、塑料包装材料等。

③抗生素。种类：磺胺类、氟喹诺酮类、大环内酯类、四环素

类、酰胺醇类等。来源：畜禽粪便有机肥、污水灌溉等。

④其他有机污染物。种类：多环芳烃、多氯联苯、全氟化合物、苯系物等。来源：畜禽粪便有机肥、污水灌溉等。

⑤重金属。种类：镉、汞、砷、铅、铬、铜、镍、锌、锡、钴、钒、锑、稀土等。来源：工业产生的“三废”、汽车尾气、磷肥和有机肥等。

问：土壤污染物会对农产品质量安全造成不良影响吗?

答：土壤是具有自我净化的缓冲体系，进入土壤中的污染物，会被吸附、分解或钝化，从而达到净化环境的目标。当污染物超过土壤安全承载能力时，才会对农田生态系统及农产品质量安全造成污染危害。

问：土壤重金属超标一定会导致农产品中的重金属超标吗?

答：土壤重金属超标不等于农产品重金属超标，也有土壤重金属未超标但出现农产品重金属超标的情况。作物的品种差异使得其对重金属的积累能力和转运能力存在显著差异，如水稻可分为高积累品种和低积累品种。重金属在作物体内不同部位富集的程度不同，不同部位重金属含量通常表现为：根系>茎叶>果实，糙米>精米。不同重金属迁移能力不同，如土壤镉很容易迁移到蔬菜可食用部分和谷物籽粒中，而铬、铜、锌在土壤中活性低，较难迁移到农作物中。

问：土壤重金属污染会影响作物生长吗?

答：土壤重金属对同一种植物的作用效果多呈现“低促高抑”现象，重金属是土壤中天然存在的物质，植物或多或少吸收重金属。土壤重金属浓度较低时对植物生长有促进作用。中轻度污染的土壤重金属对植物的危害性很难通过外表展现出来；重度污染土壤产生重金属胁迫时会抑制根系生长、降低作物产量和品质。重金属主要累积在0~20 cm的表层土壤中，可与植物中的蛋白质结合，妨碍作物对氮、磷、钾等矿质元素的正常吸收，导致作物生长缓慢，从而影响作物的产量。重金属对作物粗蛋白、还原糖、淀粉、脂肪、氨基酸等营养指标有较大影响，导致作物品质下降。

问：有什么措施降低重金属污染风险？

答：我国颁布了《中华人民共和国土壤污染防治法》，采取最严格的措施控制重金属风险，对农用地土壤实行分类管理。重度污染土壤禁止种植食用农产品。当土壤重金属为中度或轻微超标，可调整种植重金属低积累作物品种，如调整种植镉低积累的水稻、玉米、菜心、苋菜、小白菜、芥菜、番茄、豇豆、小麦等作物。也可通过喷施叶面阻控剂、土壤钝化剂和间套种超富集植物提取等措施，减少农产品可食部位对重金属的富集。

7. 速看！食用菌及其制品中重金属限量大变样！

中华人民共和国国家卫生健康委员会与国家市场监督管理总局联合发布了《食品安全国家标准　食品中污染物限量》（GB 2762—2022），自 2023 年 6 月 30 日起正式实施。

相比 GB 2762—2017，其主要变化如下。

一是修订了附录 A 中有关食用菌及其制品类别说明，主要修订了新鲜食用菌类别说明，食用菌制品未作修订（表 1）。

二是铅、镉、汞、砷 4 种重金属限量要求由 6 项增加至 15 项，细化了限量标准适用的食用菌分类，修订了限量值。新增姬松茸及其制品中镉的限量要求。食用菌及其制品的汞限量由总汞修订为甲基汞。修订后食用菌及其制品的重金属限量指标更加有针对性，实现了中国食用菌重金属限量要求的历史性突破（表 2）。

三是食用菌及其制品的砷限量由总砷修订为无机砷，且松茸及其制品的砷限量由 0.5 mg/kg 修订为 0.8 mg/kg。

四是干制品中污染物限量折算应用原则的修订。对于主要以干品形式在市场流通的银耳及其制品和木耳及其制品，以干重计的形式规定限量值。将干制食用菌中污染物限量折算原则调整为干制品中污染物限量应以相应新鲜食品中污染物限量结合其脱水率或浓缩率折算。为简化检测结果判定过程，如果干制品中污染物含量低于其新鲜原料的污染物限量要求，可判定符合限量要求。

表1　食用菌及其制品类别说明的对比

食品类别		食用菌及其制品类别说明	
		GB 2762—2017	GB 2762—2022
食用菌及其制品	新鲜食用菌（未经加工的、经表面处理的、预切的、冷冻的食用菌）	香菇 姬松茸 其他食用菌	双孢菇 平菇 香菇 榛蘑 牛肝菌（美味牛肝菌、兰茂牛肝菌、茶褐新生牛肝菌、远东邹盖牛肝菌） 松茸 松露 青头菌 鸡枞 鸡油菌 多汁乳菇 羊肚菌 獐头菌 姬松茸 木耳（毛木耳、黑木耳） 银耳 其他新鲜食用菌
	食用菌制品	食用菌罐头	食用菌罐头
		腌渍食用菌（例如：酱渍、盐渍、糖醋渍食用菌等）	腌渍食用菌（例如：酱渍、盐渍、糖醋渍食用菌等）
		经水煮或油炸食用菌	经水煮或油炸食用菌
		其他食用菌制品	其他食用菌制品

表 2　食用菌及其制品中重金属限量的对比　　单位：mg/kg

重金属种类		食用菌及其制品中重金属限量	
		GB 2762—2017	GB 2762—2022
铅		1.0（食用菌及其制品）	0.5［食用菌及其制品（双孢菇、平菇、香菇、榛蘑、牛肝菌、松茸、松露、青头菌、鸡枞、鸡油菌、多汁乳菇、木耳、银耳及以上食用菌的制品除外）］
			0.3（双孢菇、平菇、香菇、榛蘑及以上食用菌的制品）
			1.0（牛肝菌、松茸、松露、青头菌、鸡枞、鸡油菌、多汁乳菇及以上食用菌的制品）
			1.0（干重计）（木耳及其制品、银耳及其制品）
镉		0.2［新鲜食用菌（香菇和姬松茸除外）］、0.5（香菇） 0.5［食用菌制品（姬松茸制品除外）］	0.2［食用菌及其制品（香菇、羊肚菌、獐头菌、青头菌、鸡油菌、榛蘑、松茸、牛肝菌、鸡枞、多汁乳菇、松露、姬松茸、木耳、银耳及以上食用菌的制品除外）］
			0.5（香菇及其制品）
			0.6（羊肚菌、獐头菌、青头菌、鸡油菌、榛蘑及以上食用菌的制品）
			1.0（松茸、牛肝菌、鸡枞、多汁乳菇及以上食用菌的制品）
			2.0（松露、姬松茸及以上食用菌的制品）
			0.5（干重计）（木耳及其制品、银耳及其制品）
汞	总汞	0.1（食用菌及其制品）	—
	甲基汞	—	0.1［食用菌及其制品（木耳及其制品、银耳及其制品除外）］
			0.1（干重计）（木耳及其制品、银耳及其制品）
砷	总砷	0.5（食用菌及其制品）	—
	无机砷	—	0.5［食用菌及其制品（松茸及其制品、木耳及其制品、银耳及其制品除外）］
			0.8（松茸及其制品）
			0.5（干重计）（木耳及其制品、银耳及其制品）

8. 新版《食品安全国家标准　食品中污染物限量》水产品主要修订变化解读

2022年7月28日，国家卫生健康委员会、国家市场监督管理总局2022年第3号公告发布了《食品安全国家标准　食品中污染物限量》（GB 2762—2022）等36项食品安全国家标准和3项修改单。

《食品安全国家标准　食品中污染物限量》（GB 2762—2022）与GB 2762—2017相比在水产品部分主要有以下6个方面的变化。

①修改了应用原则。完善了干制品中对于干制水产品的限量要求，增加了干制品污染物含量低于新鲜原料的判定准则（表3）。

表3　应用原则的对比

GB 2762—2022	GB 2762—2017
3.5 对于肉类干制品、干制水产品、干制食用菌，限量指标对新鲜食品和相应制品都有要求的情况下，干制品中污染物限量应以相应新鲜食品中污染物限量结合其脱水率或浓缩率折算。如果干制品中污染物含量低于其新鲜原料的污染物限量要求，可判定符合限量要求。脱水率或浓缩率可通过对食品的分析、生产者提供的信息以及其他可获得的数据信息等确定。有特别规定的除外	3.5 限量指标对制品有要求的情况下，其中干制品中污染物限量以相应新鲜食品中污染物限量结合其脱水率或浓缩率折算。脱水率或浓缩率可通过对食品的分析、生产者提供的信息以及其他可获得的数据信息等确定。有特别规定的除外

②修改了水产动物及其制品中铅限量标准。对水产制品中细分了鱼类制品，并制定了鱼类制品中铅限量标准为0.5 mg/kg（表4）。

表4　水产动物及其制品中铅限量标准的对比

GB 2762—2022		GB 2762—2017	
食品类别（名称）	限量（以Pb计）/mg/kg	食品类别（名称）	限量（以Pb计）/mg/kg
水产动物及其制品		水产动物及其制品	
鲜、冻水产动物（鱼类、甲壳类、双壳贝类除外）	1.0（去除内脏）	鲜、冻水产动物（鱼类、甲壳类、双壳贝类除外）	1.0（去除内脏）

（续表）

GB 2762—2022		GB 2762—2017	
食品类别（名称）	限量（以Pb计）/ mg/kg	食品类别（名称）	限量（以Pb计）/ mg/kg
鱼类、甲壳类	0.5	鱼类、甲壳类	0.5
双壳贝类	1.5	双壳贝类	1.5
水产制品（鱼类制品、海蜇制品除外）	1.0	水产制品（海蜇制品除外）	1.0
鱼类制品	0.5		
海蜇制品	2.0	海蜇制品	2.0

③修改了水产动物及其制品中镉限量标准。甲壳类中细分出海蟹和虾蛄，并单列限量标准为3.0 mg/kg；取消GB 2762—2017中对凤尾鱼、旗鱼罐头与鱼类罐头的区分，统称鱼类罐头，限量标准为0.2 mg/kg；取消凤尾鱼、旗鱼制品与其他鱼类制品的区分，统称其他鱼类制品，限量标准为0.1 mg/kg；将双壳类更改为双壳贝类（表5）。

表5　水产动物及其制品中镉限量标准的对比

GB 2762—2022		GB 2762—2017	
食品类别（名称）	限量（以Cd计）/ mg/kg	食品类别（名称）	限量（以Cd计）/ mg/kg
水产动物及其制品		水产动物及其制品	
鲜、冻水产动物		鲜、冻水产动物	
鱼类	0.1	鱼类	0.1
甲壳类（海蟹、虾蛄除外）	0.5	甲壳类	0.5
海蟹、虾蛄	3.0		
双壳贝类、腹足类、头足类、棘皮类	2.0（去除内脏）	双壳类、腹足类、头足类、棘皮类	2.0（去除内脏）
水产制品		水产制品	
鱼类罐头	0.2	鱼类罐头（凤尾鱼、旗鱼罐头除外）	0.2
		凤尾鱼、旗鱼罐头	0.3

（续表）

GB 2762—2022		GB 2762—2017	
食品类别（名称）	限量（以Cd计）/mg/kg	食品类别（名称）	限量（以Cd计）/mg/kg
其他鱼类制品	0.1	其他鱼类制品（凤尾鱼、旗鱼制品除外）	0.1
		凤尾鱼、旗鱼	0.3

④修改了水产动物及其制品中汞限量标准。与GB 2762—2017相比，GB 2762—2022水产品部分肉食性鱼类及其制品中对金枪鱼、金目鲷、枪鱼、鲨鱼及以上鱼类的制品中甲基汞的限量标准进行了细分，其中，金枪鱼及其制品中甲基汞的限量标准为1.2 mg/kg，金目鲷及其制品中汞的限量标准为1.5 mg/kg，枪鱼及其制品中甲基汞的限量标准为1.7 mg/kg，鲨鱼及其制品中汞的限量标准为1.6 mg/kg。GB 2762—2022中对备注中的水产动物及其制品可先测定总汞这一范围扩大到制定甲基汞限量的食品（表6）。

表6　水产动物及其制品中汞限量标准的对比

GB 2762—2022			GB 2762—2017		
食品类别（名称）	限量（以Hg计）mg/kg		食品类别（名称）	限量（以Hg计）mg/kg	
	总汞	甲基汞[a]		总汞	甲基汞[a]
水产动物及其制品（肉食性鱼类及其制品除外）	—	0.5	水产动物及其制品（肉食性鱼类及其制品除外）	—	0.5
肉食性鱼类及其制品（金枪鱼、金目鲷、枪鱼、鲨鱼及以上鱼类的制品除外）	—	1.0	肉食性鱼类及其制品	—	1.0
金枪鱼及其制品	—	1.2			
金目鲷及其制品	—	1.5			
枪鱼及其制品	—	1.7			
鲨鱼及其制品	—	1.6			
a 对于制定甲基汞限量的食品可先测定总汞，当总汞含量不超过甲基汞限量值时，可判定符合限量要求而不必测定甲基汞；否则，需测定甲基汞含量再作判定			a 水产动物及其制品可先测定总汞，当总汞水平不超过甲基汞限量值时，不必测定甲基汞；否则，需再测定甲基汞		

⑤修改了水产动物及其制品中多氯联苯限量标准。GB 2762—2022 中对水产动物及其制品中多氯联苯限量指标由 0.5 mg/kg 降低至 20 μg/kg，并对水产动物油脂中多氯联苯的限量值进行了规定，为 200 μg/kg（表 7）。

表 7　水产动物及其制品中多氯联苯限量标准的对比

GB 2762—2022		GB 2762—2017	
食品类别（名称）	限量 μg/kg	食品类别（名称）	限量 mg/kg
水产动物及其制品	20	水产动物及其制品	0.5
油脂及其制品			
水产动物油脂	200		

⑥修改了附录 A 水产动物及其制品中食品类别（名称）说明。GB 2762—2022 中肉食性鱼类部分增加了金目鲷和枪鱼；甲壳类增加虾类、蟹类等；软体动物部分将双壳类调整为双壳贝类，并将棘皮类从软体动物中单列变成与软体动物并列（表 8）。

表 8　水产动物及其制品中食品类别（名称）说明的对比

GB 2762—2022	GB 2762—2017
鲜、冻水产动物	鲜、冻水产动物
鱼类	鱼类
非肉食性鱼类	非肉食性鱼类
肉食性鱼类（例如：金枪鱼、金目鲷、枪鱼、鲨鱼等）	肉食性鱼类（例如：鲨鱼、金枪鱼）
甲壳类（例如：虾类、蟹类等）	甲壳类
软体动物	软体动物
头足类	头足类
双壳贝类	双壳类
腹足类	棘皮类
其他软体动物	腹足类
棘皮类	其他软体动物

（续表）

GB 2762—2022	GB 2762—2017
其他鲜、冻水产动物	其他鲜、冻水产动物
水产制品	水产制品
水产品罐头	水产品罐头
鱼糜制品（例如：鱼丸等）	鱼糜制品（例如：鱼丸等）
腌制水产品	腌制水产品
鱼子制品	鱼子制品
熏、烤水产品	熏、烤水产品
发酵水产品	发酵水产品
其他水产制品	其他水产制品

9. 水果品质无损检测技术趋势方向

水果品种多样、营养丰富，深受消费者喜爱。随着生活水平的提高，人们对高品质水果的需求快速增长。为了提升水果品质、促进水果分级、实现优质优价，生产中对品质检测的要求越来越高。近年来，水果品质无损检测技术成为一项具有良好发展前景的新技术。

水果品质主要包括外部品质和内部品质。外部品质包括果实大小、形状、色泽、气味等。内部品质包括硬度、可溶性固形物、糖度、酸度、维生素含量等，以及果实内部褐变、冻害、虫害、空心等外观不可见的指标。

品质无损检测指的是在不破坏检测对象的前提下，利用果实所具有的声、电、光、磁等物理特性，综合光谱成像、介电特性、核磁共振等检测技术，分析获取水果品质的检测过程。

在传统品质检测中，外部品质主要采用人工检测，检测结果存在人工误差；内部品质主要采用理化检测，结果精确，但成本高，需要破坏检测对象，且过程烦琐耗时。与传统品质检测相比，品质无损检测具有非破坏性、高效、实时等优势，能积极满足产业化生产和储藏保鲜的在线检测需求。

水果品质无损检测技术有以下 5 种。

①基于声学特性的检测技术。在声波的作用下，利用果实反射、散射、透射、吸收、衰减等声学特性进行检测的技术，可用于水果硬度、成熟度、空心等方面的检测。

②基于力学特性的检测技术。利用果实振动频率、振动吸收、硬度、弹性等力学特性进行检测的技术，可用于水果硬度、成熟度等方面的检测。

③基于介电特性的检测技术。利用果实介电常数、电感、阻抗等介电特性进行检测的技术，常用的有平行极板和传输线技术、同轴探头技术等，可用于水果糖度、含水率等方面的检测。

④基于电子鼻的检测技术。使用电子鼻模拟生物嗅觉功能，分析、识别气味进行检测。同一种水果在不同生长阶段的气味不同，不同品种间气味也存在差异，该方法可用于水果成熟度、机械损伤、品种分类等方面的检测。

⑤基于光学特性的检测技术。利用果实对光的吸收、反射、散射、透射等特性进行检测，根据所用光源的不同，分为可见光检测技术、近红外光谱检测技术、高光谱检测技术等，可用于水果大小、含水率、硬度、糖度、酸度、冻害、损伤等方面的检测，应用较为广泛。

近年来，水果品质无损检测技术不断成熟、完善，检测仪器向着便携化、智能化方向发展，检测指标由单一指标向多项指标同时检测转变，检测结果的准确性、可靠性、时效性也在逐渐提高。因此水果品质无损检测技术将在水果产业优质化事业中发挥更大推动作用。

10. 肉品品质无损检测评价分级智能技术及装备

随着生活水平的提高，人们对生鲜肉的品质有了更高要求。目前消费者选购的时候主要通过眼看、手摸和鼻子闻的方法进行经验性评定，很难准确判断。专业人员可通过化学仪器准确测定生鲜肉的品质，但是耗时长，且属于破坏性检测，难以满足市场选购需求。为此，中国农业大学农产品无损检测团队基于光谱技术，针对不同的应用场景，研发了一系列生鲜肉多品质快速无损检测装备。

①掌上式肉品新鲜度快速无损检测仪（彩图 18）。通过采集和分析肉品品质的漫反射光谱，即可获取肉品颜色等信息，判断其新鲜度。只需按下“采集”按钮，检测结果就能立马显示，同时也可通过手机 App 进行控制和显示，使用操作简单、便捷，利于现场检测，能为消费者选购提供可靠参考。

②手持式多品质在线检测装置（彩图 19）。可同时检测肉品含水率、嫩度、脂肪含量和蛋白质含量等指标。检测人员将手持式多品质在线检测装备检测探头贴近肉品表面，点击“检测”按钮即可采集肉品漫反射光谱。经过处理器分析处理，检测结果能够快速显示在界面。

③安放式多品质在线检测分选装备可自动完成光谱采集、分析、显示、保存，并将检测结果传输到分级模块，完成品质分级检测，速度为每秒 1~3 个样品，各指标分级正确率大于 92%。

11. 苹果糖度无损检测

消费者在日常生活中挑选苹果时，如何判断苹果甜与不甜？通过感官，如眼睛、鼻子来判断，所得出的结论往往不准确，这时就需要通过仪器来帮忙。

苹果糖度一般划分3个范围，糖度在10%以下的苹果一般不甜，糖度在10%～13%的属于较甜，糖度大于13%的属于甜。使用糖度仪可以测出苹果的糖度。测试时，先榨取苹果果汁，再将果汁滴在仪器的检测窗口上，苹果的糖度信息就会显示在仪器上。此种检测方法操作过程很麻烦，且属于破坏性检测，检测完以后，苹果就不能再继续储藏了。

中国农业大学农产品无损检测团队研发了一种掌上式水果糖度检测装置，特点是无损伤、快速、使用简单、检测精度高。使用仪器时，将苹果紧贴着仪器的探头部分，按下仪器上的“检测”按钮，不到1秒的时间就会在仪器上显示出糖度结果（彩图20）。

用糖度仪来验证，检测结果为9.7%，掌上式苹果糖度快速检测仪检测结果为10.18%，两者差值为0.48%，表明掌上式苹果糖度快速检测仪的检测精度较高。

与手机联用的手持式无损检测糖度仪，还可以通过手机发送指令来进行检测以及检测数据的存储，十分方便。

大型圆形果蔬内部品质检测分级装置不仅可以对苹果的品质进行检测，还可以对其他圆形果蔬，如番茄、梨、柑橘等进行检测。

综上，掌上式水果糖度快速检测仪可以用于消费者，便于消费者快速挑选苹果，节省时间；而大型的在线检测仪器，则可以用于水果储运企业，提高经济效益。

12. 农产品溯源技术应用与实践

西湖龙井、北京鸭、章丘大葱、京白梨……一个个耳熟能详的特色农产品有口皆碑。特色农产品之所以能称之为特色，就在于其独特的品种、地理环境、生长方式、人文历史等，共同形成了独一无二的营养构成和口感风味。

越来越多的人关注农产品品种、产地和生产过程等信息，目前已存在溯源手段可以帮助采购商、消费者、监管部门了解农产品背后的信息。

一类是物理方法，即标签溯源技术，通过记录和标识，对农产品生产经营责任主体、生产过程和产品流向等农产品质量安全相关信息予以追踪的能力，主要包括信息管理、编码标识和查询管理3个核心要素。消费者可通过在超市里随处可见的贴在农产品包装袋上的条形码，可对应农产品生产过程质量安全信息，随着农产品包装从生产者最后流动到消费者手中。消费者通过包装上电子信息载体识别农产品的产地来源，了解自己吃的农产品来自哪个企业，用过什么农药等。目前，这种技术在农产品追溯应用中较为广泛。

另一类是化学方法产地溯源技术，其中同位素比值、元素含量和有机成分含量分析等均是目前应用较多的技术手段。同位素组成是生物体的一种“自然指纹”，它不随化学添加剂的改变而改变，能为食品溯源提供一种科学的、独立的、不可改变的，以及随整个食品链流动的身份鉴定信息。有研究通过比较不同地区、不同品种苹果的$\delta^{13}C$、$\delta^{15}N$同位素比值，有可能区分产地相距仅几百千米内的苹果。元素含量则是因为不同地域来源的生物体中矿物元素含量与当地环境中矿物元素有较强的相关性，所以对比农产品中矿物元素的组成和含量差异可鉴别产地来源。此外农产品中有机成分随土壤、降水等的影响会产生变化，筛选其中指示性强的有效成分并追踪其变化可以判定其产地来源。对于地域相近、品种相似的产品，单一技术往往很难有效区分地理来源，因而需要增加指标数量建立多元判别模型。大量研究证实，矿物元素和化学成分含量分析，与同位素指纹分析相结合，可以更加完整地反映动植物食品的种类、区域气候、产地环境、农业耕种条件等差异，因而能更为有效区分食品的来源，可显著提高产地溯源的判别水平。

此外，在肉制品溯源中研究较多的还有DNA溯源技术和虹膜特征技术等生物方法。每个个体所拥有的DNA序列是独一无二的，通过分子生物学方法所显示出来的DNA图谱也就独一无二，可以把DNA作为像指纹那样的独特特征来识别不同的个体。随着产地溯源技术手段的不断发展，农产品溯源已不再是难题，这将为“吃得安全，吃得营养”提供技术手段，为特色农产品产业高质量发展保驾护航。

13. 为什么农产品要赋追溯码上市？

民以食为天，食以安为先。农产品质量安全是衡量一个国家经济发展水平和人民生活质量的重要指标。我国农产品质量安全问题一直是人民群众关注的焦点。农产品赋追溯码上市是消费者了解农产品信息的一种重要手段，可以更好地展示农产品生产过程，推动生产者和销售者落实责任，是信息化与产业发展深度融合的创新举措，已成为政府部门智慧监管的重要建设内容和引领方向。

（1）什么是追溯码

农产品质量安全追溯，是指运用信息化的方式，跟踪记录农产品生产经营者主体和产品流向等农产品质量安全信息，满足政府监管、企业经营和公众查询需要的管理措施。根据应用场景不同，产品追溯码可分为产品生产批次码、产品流通批次码和产品入市批次码。

产品生产批次码是农产品在产出或组合时，农产品生产经营者在国家农产品质量安全追溯管理信息平台（以下简称“国家追溯平台”）进行生产批次管理，系统自动生成与产品生产批次相对应的代码，可打印在产品追溯标识或追溯凭证上。

产品流通批次码是农产品在交易时，农产品生产经营者在国家追溯平台确认交易信息后，系统自动生成与流通批次相对应的代码，交易一次生成一次，可打印在产品追溯标识或追溯凭证上。

产品入市批次码是农产品入市（进入批发市场、零售市场或生产加工企业环节）时，生产经营者在国家追溯平台填写交易信息后，系统自动生成对应该入市批次产品的代码，可打印在产品入市追溯凭证上。

（2）如何获取追溯码

国家追溯平台已在全国范围内推广应用，为监管者、生产经营者、消费者提供了“从田间到餐桌”的农产品追溯条件。同时，国家追溯平台已积极推进与省级农产品质量安全追溯平台和农垦行业平台对接，促进“统一平台入口、统一主体登录管理、统一追溯标识、减少重复操作”，建立健全追溯信息共享机制，生产主体通过追溯平台获取追溯码。

（3）农产品赋追溯码上市有何作用

追溯平台的创建，将监管、生产、消费情况动态串联起来，农产品赋追溯码上市，一是对于监管者，提升政府智慧监管能力，及时采集主体信息，掌握流通情况，强化线上的动态监管；二是对于生产经营者，能够实现其农产品赋码上市，对规范生产经营行为、落实全程质量控制、品牌创建和推广等具有较大的推动作用，同时提高产品竞争力；三是对于消费者，通过查询产品二维码，可以查看产品的生产企业信息和产品信息，满足消费者知情权，增强社会公众消费信心。

14. 亚硝酸盐知多少

近年来，亚硝酸盐被大家广泛关注，接下来现在带大家简单了解一下亚硝酸盐的事儿。

摄入亚硝酸盐为什么会中毒，它还有哪些危害？

亚硝酸盐可以与血红蛋白结合，形成高铁血红蛋白，造成机体缺氧，典型症状是口唇、手指变得紫青，重症者可能会出现呼吸衰竭，甚至死亡。另外，亚硝酸盐可与食品中的氨反应生成亚硝胺，造成慢性积聚性中毒，并可诱发多部位癌变。亚硝酸盐能够通过胎盘进入胎儿体内，对胎儿有致畸作用。

但消费者没有必要感到恐慌，因为人体口服200~500 mg亚硝酸盐可引起中毒，摄入2~3 g可致死亡，而我们平时吃的新鲜蔬菜里亚硝酸盐含量很低，一般每千克只有零点几或几毫克而已。

生活中腌菜、剩菜中的亚硝酸盐含量相对比较高，平时应尽量少吃。

为了探究如何储存蔬菜可以尽量减少亚硝酸盐，科研人员选取油菜作为实验材料，把油菜分成低温储存和常温储存两种处理，储存时间选取1天、2天、3天、4天、7天，分别检测油菜的亚硝酸盐含量。将新鲜的油菜清洗、切碎、四分法取样，匀浆后装入样品盒，进行前处理，用离子色谱来检测其亚硝酸盐的含量。

常温储存的油菜第3天已经出现了腐烂的迹象，第4天叶子很黄了，第7天腐烂严重，相比之下，低温储存的油菜到第7天仍然绿油油的。经过对实验数据的分析，得出如下结论：低温储存的油菜亚硝酸盐含量普遍比常温储存的含量低；低温储存的油菜亚硝酸盐含量先是基本不变，随后缓慢升高，而常温储存的油菜先是迅速升高，随后快速降低。也有研究表明，叶菜类蔬菜常温储存时亚硝酸盐含量是持续升高的，并不会降低。因此，叶菜类蔬菜应尽量低温储存，例如放在冰箱的冷藏室内，并且两三天内食用完毕。

15. 噬菌体治疗多药耐药细菌感染新方法

细菌为什么会产生耐药性呢？

细菌耐药性指细菌多次接触抗菌药物后，产生了结构、生理及生化功能的改变，从而形成了具有抗药性的变异菌株，对该药物的敏感性下降或消失。当长期滥用或误用抗生素时，会使细菌对该种药物的耐药率不断升高，甚至还会产生多药耐药的超级细菌。传统抗生素对多药耐药细菌感染疗效较差，而新抗生素的研发周期又较长，使得抗生素替代品再次引起人们的注意。噬菌体，由于其宿主特异性和对抗细菌性感染的有效性，成为潜在的替代品之一。

那么什么是噬菌体呢？

噬菌体是只会特定感染细菌的病毒，其分布广泛，在土壤、排水、动物肠道中都有噬菌体。它们个体微小，不具有完整的细胞结构，由单一核酸和蛋白质衣壳组成。噬菌体侵染细菌有一个过程：噬菌体首先吸附在宿主菌的表面，借助尾丝将遗传物质注入宿主菌内；然后噬菌体开始大量繁殖；最后噬菌体溶解细菌，导致细菌死亡。

噬菌体可用于改善植物健康，比如防治马铃薯、番茄、柑橘、辣椒、水稻等由细菌引起的疾病。噬菌体可用于改善动物健康，目前全球已经有多款商业化噬菌体产品批准用于家禽、猪、牛、伴侣动物等。噬菌体也可消除动物性食品、植物性食品中的病原体。

总之，抗生素耐药性对全球健康造成威胁，现阶段已有噬菌体产品应用于植物、动物、食品中，相信在不远的将来，噬菌体将会成为一种更安全、更有效的防控细菌性感染的抗生素替代品。

16. 科学认识食源性寄生虫

食源性寄生虫病是指所有能够通过食用受污染的食品而传播的寄生虫。寄生虫可通过其产生的感染期虫体（如虫卵、包囊、囊蚴等）污染食品而引起传播（外源性污染），或者携带有感染期寄生虫的肉、鱼等食品被人食入而造成传播（内源性污染），这些动物或动物组织通常是寄生虫生活史中某个阶段虫体（如旋毛虫的幼虫、弓形虫的包囊）寄生的部位。由这些寄生虫引起的疾病称为食源性寄生虫病。食源性寄生虫既严重危害食品的质量安全，也给人民群众健康及养殖业造成威胁和经济损失。

17. 什么是名特优新农产品

“名”指公众认知度和美誉度高。

“特”指具有显著生产地域特征和独特的营养品质。

“优”指优质安全、营养健康和供需市场稳定。

“新”指培育品种新、技术工艺新和生产方式新。

满足这四点，并经过农业农村部农产品质量安全中心登录公告、核发证书的农产品就是名特优新农产品。

18. 名特优新助力小香椿大产业

香椿属楝科香椿属落叶乔木，属多年生蔬菜。上方山香椿是全国名特优新农产品（编号：CAQS-MTYX-20190089），全国“一村一品”，也被列入全国农产品地理标志保护（编号：AGI02780）。上方山香椿之所以有如此著名，是因为走了3条道路。

一是走生态保护之路。

《房山县志》中记载，“香椿芽，长沟峪上方山等各山村多产之”，因此产地保护范围划定房山区所辖韩村河镇和周口店镇2个乡镇共计24个村，地域总面积210 320.05亩，最具代表性的核心产区是圣水峪村。

上方山香椿顶芽底端粗大，梗粗叶小，叶厚芽嫩，颜色紫红，叶面油亮，香气浓郁，色泽美观，品质佳。上方山香椿营养丰富，总膳食纤维含量为1.94 g/100g，还原糖（以葡萄糖计）含量为1.5 g/100g，维生素C含量为111 mg/100g。上方山香椿具有清热利湿、利尿解毒的功效。

房山区位于北京市西南，上方山香椿产地地理坐标为东经115°45′~115°56′，北纬39°35′~39°45′。产地土壤类型为棕壤、褐土、山地草甸土，平均有机质含量较高，属中性土壤，适合香椿的自然生长。产区分布在海拔300~800 m，年平均气温11 ℃，决定了采摘期可达50天。保护区属暖温带山前半干旱、半湿润季风型大陆气候，年平均降水量635 mm，满足了生长季的需水量。

上方山香椿从4月中旬开始采收，最佳品质期从4月中旬至5月中旬，尤以头茬香椿品质为最佳。

二是走品牌发展之路。

上方山香椿早在2014年就在《舌尖上的中国》第二季《时节》中惊艳亮相；随后相继获评全国名特优新农产品、全国“一村一品”，被评为全国农产品地理标志保护产品；2020年5月北京城市广播快手直播平台对上方山香椿中进行了线上发布及宣传推介，主题为“春去‘椿’又来”；2020年9月，在“北京市2020年中国农民丰收节庆祝活动暨房山区秋收节系列活动”中进行了上方山香椿品牌建设宣传展示和产品推介；2020年11月，在第十八届中国国际农产品交易会上进行了上方山香椿品牌宣传和产品推介；2021年4月，圣水峪村举办了以“椿游上方山·寻香圣水峪”为主题的上方山香椿采摘周暨地理标志农产品市集活动。

三是走产业富民之路。

上方山香椿特色产业已成为保护区内农民增收致富的主导产业，在积极落实农业农村部地理标志农产品保护工程项目过程中，重点突出“一标一品一产业”，有效保证了上方山香椿的产品质量，保障了绿色优质香椿的有效供给，延长了产品的货架期，推动了产品分等分级，减少了产品损耗，实现了优质优价，提高了产品的附加值，扩大了市场占有率。

19. 云游实验室，探秘高精尖仪器设备

大家好！现在带领大家云游实验室。在日常工作中，实验人员通过多方位的全面监测评价，为绿色农业高质量发展和实施乡村振兴战略提供技术保障。接下来，大家一起来参观一下吧！

首先，来到的是接样大厅，样品到接样大厅之后会经过制备，贴好标签，接着进入实验室检测。等所有检测项目完成之后，形成一个检测报告，客户可以在报告处领取检测报告。接下来，再去看一下有哪些高精尖的仪器。

电感耦合等离子体质谱仪（彩图 21）的功能很强大，不仅能够检测出对人体有害的重金属元素，如铅、镉、汞、砷等，同时也可以检测出一些对人体有益的矿物元素，如大米和牛奶中的钾、钙、钠、镁等。

三重四极杆液质联用仪（彩图 22）主要用于农产品违禁药物残留的定量检测，如牛羊肉中的兴奋剂（瘦肉精）、牛奶中的三聚氰胺。

飞行时间质谱仪（彩图 23）最大的特点是可以进行未知成分的鉴定，在 10 分钟内就可以完成 150 多种违禁药物的检测。

三重四极杆气质联用仪（彩图 24）通过两三百摄氏度的高温将待测物瞬间气化来进行检测，可以一次性对于几十种甚至上百种农药进行精确的定量检测，比如平时经常提到的敌敌畏等农药，还可以搭配不同的配件来进行更加复杂的检测。

二维液相色谱仪和氨基酸分析仪是专门用来检测农产品中营养品质参数的仪器。二维液相色谱仪（彩图 25）主要用来测定维生素 A、B 族维生素、维生素 C、维生素 D、维生素 E、胡萝卜素和花青素等参数；氨基酸分析仪（彩图 26）主要可以测定水解蛋白和体液中氨基酸的含量。

第十一章　农产品与二十四节气

1. “吃出健康——农产品与二十四节气”之立夏尝鲜

立夏是二十四节气中的第七个节气，夏季的第一个节气。立夏至，说明我们正好处在春夏的交替时期，在饮食上也要有所调整。

立夏节气，春去夏来。人们感到气温明显升高，炎暑将临，雷雨增多，农作物都进入旺季生长的时期。此时大量果蔬新鲜上市，食材丰富，人们又可一饱口福了。

到了立夏时节，食物的种类更加多种多样。以江浙一带的习俗为例，苏州有“立夏见三新”的谚语，“三新”指新成熟的樱桃、青梅和麦子。无锡民间也有“立夏尝三鲜”的习俗，三鲜分地三鲜（蚕豆、苋菜、黄瓜）、树三鲜（樱桃、枇杷、杏子）、水三鲜（海螺、河鲀、鲥鱼）。虽然全国各地立夏的传统食俗各有特色，但流传最广泛的食物就是“立夏蛋”了。

立夏时节，在饮食方面的温馨提示如下。

①加强营养，合理饮食。立夏时节，人体新陈代谢快，此时应合理安排作息时间，补充营养物质。可多喝牛奶、豆浆，多吃新鲜肉类，同时多吃新鲜蔬菜、水果及粗粮，可增加纤维素、B 族维生素、维生素 C 的供给，使身体各脏腑功能保持正常。

②食物制作注意食品安全。夏季开始环境温度逐渐升高、湿度增大，利于微生物生长繁殖，食物容易腐败变质。新鲜食材也要洗净干净，注意切配、盛放的刀板和餐具要生熟分开。加热烹制的食物要烧熟煮透，凉菜要现吃现做，尝鲜的同时要保障好食品安全。

2. “吃出健康——农产品与二十四节气”之芒种煮青梅

芒种是夏季第三个节气，民间把芒种称为忙种，农谚云“芒种忙、忙着种”，到了这个时间，南方忙着插秧种稻，北方忙着刈麦，是耕种最忙的季节。作为农历二十四节气中的第九个节气，此时太阳到达黄经75°，正值仲夏，人体代谢快、出汗多，要多选择祛暑益气、生津止渴的食物，如青梅。

青梅又名酸梅，原产于我国，已有约3 000年的栽培历史。研究表明，青梅中含有多种天然有机酸，还有多种维生素、微量元素及人体所需的多种氨基酸。《神农本草》有记载：“梅性味甘平，可入肝、脾、肺、大肠，有收敛生津作用。”青梅具有生津解渴、刺激食欲、消除疲劳等功效，这让青梅成为夏季解暑去乏的佳果之一。但新鲜的青梅味道酸涩，一般在加工后食用。芒种时节正值青梅成熟之际，就形成了芒种煮梅的习俗。

青梅有机酸含量高，建议适量食用，特别是患有严重胃溃疡或胃穿孔的人要慎食青梅。建议饭后食用青梅，既可达到开胃消食的目的，又可降低对肠胃的刺激。

3. “吃出健康——农产品与二十四节气”之夏至尝凉食

夏至是二十四节气中的第十个节气。是最早被确定的节气之一。在北半球“夏至”这天，白天之长，日影之短，都达到了一年中的极限，所谓“立竿不见影”。人们常说：“夏至不过不热。”夏至是盛夏的起点，与入伏有关，伏天是从夏至后第三个“庚日”算起。由于天气逐渐变得炎热起来，人们在身体上可以接受温度较低的食物，在饮食上开始食用一些凉食避暑。夏至时节，新麦登场，瓜果飘香，选用时令农产品做成的凉食，可以降火开胃、促进食欲，但是又不至于因寒凉而损害身体健康。

北方地区的民间有“冬至饺子夏至面”的说法。夏至新麦已经登场，所以吃凉面也有尝新的意思。据《本草纲目》记载：“大、小麦秋种冬长，春秀夏实，具四时中和之气，故为五谷之贵。”夏至吃面，有提醒人们珍惜时光、庆祝小麦丰收的多重含义。

豌豆糕是流行于山西、河南、河北等地的小吃，其爽口绵甜，益脾胃，解热祛毒。其做法是将豌豆泡水脱皮，水煮后制成泥状，再加入白糖、柿饼等冷却成型，放入冰箱冷藏后口感更佳。豌豆中富含优质蛋白质、B族维生素、胡萝卜素、膳食纤维，可以帮助增强机体免疫功能。

广东等南方地区普遍煲清补凉汤、凉茶、酸梅汤等清甜的凉饮。

夏至时节，在饮食方面的温馨提示如下。

①夏至时节气候炎热，人体消化功能相对较弱，不可过量食用冷食瓜果。面条过水时，应用凉开水而不用自来水。

②夏至后环境温度和湿度升高，细菌更容易滋生，食物尤其是凉食应蒸熟、煮透，现做现吃，不宜久存或过夜食用。若发现有霉味，表明食品已变质。

4. “吃出健康——农产品与二十四节气”之小暑莲藕嫩

小暑是二十四节气中的第十一个节气，夏季的第五个节气。暑，即炎热的意思。此时我国大部分地区已入盛夏，天气开始炎热但还没到一年中最热的时候，故称小暑。小暑时节，蝉鸣蛙响，鱼戏莲间，当季嫩藕是难得的清凉消暑的食材。

小暑时节天气炎热，暑湿之气渐盛，人们常感觉倦怠、食欲不振。饮食宜清淡，以新鲜蔬果为主。当季嫩藕清脆甘美、爽润可口，正是此时节适宜的食材。

莲藕在我国栽培历史悠久，是种植面积大、产量高的水生蔬菜。

我国很多地方都有小暑吃藕的习俗，《本草纲目》有记载："六、七月采嫩者，生食脆美。"莲藕中含有碳水化合物、蛋白质、膳食纤维、维生素、矿物质、多酚类等营养成分，钙、铁、维生素 C 和膳食纤维等含量较高，具有清热祛瘀、生津止渴、健脾开胃、补中养神等功效。民俗中因"藕"与"偶"同音，有祝福婚姻幸福美满、佳偶天成的内涵，且藕与莲花一样，象征人格清廉高洁、出淤泥而不染，这些说法让小暑时节食用莲藕别具深意。

温馨提示如下。

莲藕既可生食也可熟食，生食、熟食功效有所不同。生藕性甘寒，可将鲜生嫩藕直接凉拌食用，滋味脆甜可口，也可压榨成鲜藕汁饮用，凉血清热、止烦渴，但脾胃虚寒者不宜生食；熟藕性甘温，蒸、煮、炖、炸、炒皆可，可将鲜藕用砂锅小火煨烂，调入适量蜂蜜食用，有养胃、健脾、益血之功效。

5. "吃出健康——农产品与二十四节气"之大暑吃荔枝

大暑，夏季最后一个节气，此时太阳黄经为 120°。如果说小暑代表天气炎热的开始，那大暑就是天气炎热的最高峰。此时正值三伏天的中伏前后，户外到处都是蒸腾的热浪，素有"小暑大暑，上蒸下煮"的说法。这也是大自然运行的规律，俗话说"大暑不暑，五谷不起"，如果大暑不热，农民就要担心啦！

大暑时节，天气酷热难耐，在福建莆田，有大暑吃荔枝的习俗，叫作"过大暑"。人们提前摘好新鲜的荔枝，浸泡在冰凉的井水里。大暑当天，大家围坐在院子里，品尝冰爽甘甜的荔枝，享受夏天的惬意。

荔枝果肉甘甜鲜美，营养丰富养血益智、安神补肾，其碳水化合物、蛋白质、维生素 C 等含量较高。荔枝最常见的吃法就是直接食用。随着人们生活水平的提高，荔枝的吃法也越来越多样化。除鲜食外，荔枝可加工成荔枝干、荔枝果汁、荔枝酒、荔枝醋、荔枝罐头等。

温馨提示如下。

①荔枝运输过程中可能会因发酵产生酒精，有人对“吃荔枝导致酒驾”存在疑虑，其实不然，吃成熟荔枝摄入的酒精量很少，而且主要存在于在口腔中，随呼吸很快就会挥发掉，因此不必过于担心吃荔枝会导致酒驾。

②不同品种荔枝的成熟时间不同，口味也相差较大，例如，三月红属于早熟品种，清明节过后便陆续上市，味道甜中带酸；妃子笑一般5月上旬至6月上市，其肉厚皮薄核小，爽脆清甜；桂味一般6月下旬上市，其肉质较爽脆，略有桂花的香味；糯米糍一般在6月中旬至7月上旬上市，其核小，口感滑嫩，味道清甜，可食率高。

③荔枝冷藏后再食用，口感风味更佳。

6.“吃出健康——农产品与二十四节气”之处暑鸭肉润

处暑是二十四节气中的第十四个节气，虽节气名带有一个“暑”字，却是秋季的第二个节气，此时正是夏余秋始，八月未央。处暑即为“出暑”，“处，去也，暑气至此而止矣”，表示炎热的暑天即将过去，秋意渐浓。处暑时节的气候特点是白天热，早晚凉，昼夜温差大，降水少，空气较干燥。处暑节气后，秋季特征逐渐明显，天气转凉，暑湿逐渐被秋燥代替。因此，在饮食上宜少吃辛味，多食用滋阴润肺的食物，如南瓜、萝卜、蜂蜜、芝麻、百合、银耳、梨等，也可以选择酸味食物，如苹果、柠檬、葡萄、山楂等。

民间也有处暑吃鸭子的传统，“七月半鸭，八月半芋”，一方面古人认为农历七月中旬的鸭子最为肥美营养，另一方面鸭子本身所具有的清热、生津、养阴、祛湿的功能非常适合处暑时节要选择润肺健脾的食物的原则。鸭肉具有较高的营养价值，鸭肉中饱和脂肪酸、单不饱和脂肪酸和多不饱和脂肪酸的比例较为理想，富含B族维生素和维生素E，尤其B族维生素中的烟酸含量较高。

很多地方都保留着处暑吃鸭子这一传统，有的地方处暑当日还会将鸭肉美食送给友邻，叫作“处暑送鸭，无病各家”。鸭肉的食用方式多样，各地均有独特的烹饪手法，如北京烤鸭、南京盐水鸭、福建姜母鸭、南宁烧鸭、汴京烤鸭等，家常的食谱更是多种多样，处暑时节餐桌上选择一款营养美味、补益滋润的鸭肉美食正当时。

7. “吃出健康——农产品与二十四节气”之白露尝番薯

白露是二十四节气中的第十五个节气，秋季的第三个节气。随着白露的到来，早晚温差日益加大，气温渐凉，空气变得干燥，大家应注意防秋燥，在饮食上以清淡、易消化且富含维生素的食物为主，如番薯。“露从今夜白，月是故乡明”，白露时节，秋意渐浓，临近中秋佳节，与家人围坐共同享用番薯，满满的愉悦。

番薯，别名甘薯、地瓜等，因产地及品种的不同又名红薯、白薯、紫薯等，在我国是一种极为重要的旱粮作物。番薯不仅味美，营养也很丰富，明代李时珍在《本草纲目》中记载：“补虚乏，益气力，健脾胃，强肾阴。”现代研究表明其块根营养价值较高，富含淀粉、膳食纤维、维生素、矿物质、蛋白质、类胡萝卜素等营养成分。不同颜色的番薯，其营养成分也有所差别。紫薯中的花青素和硒、铁、锌等矿物质含量较高，是著名的抗氧化高手；红薯富含类胡萝卜素，有益于保护视力；白薯含有大量的食物纤维，粉质强，香味浓郁，口感更甜。

民间认为白露吃番薯可使饭后不反胃酸，故旧时农家有在白露吃番薯的习俗。番薯虽好，但食用也有讲究。一是最好搭配蔬菜、水果及高蛋白质食物一起吃，才会营养更均衡，比如在吃红薯时，也稍吃点猪肉，可促进人体对脂溶性β胡萝卜素和维生素E的吸收。二是番薯中的粗纤维和氧化酶在肠胃中可产生大量的二氧化碳，容易引起腹胀，应注意适量食用。

8. “吃出健康——农产品与二十四节气”之寒露芝麻香

寒露是二十四节气中的第十七个节气，秋季的第五个节气。俗话说“吃了寒露饭，单衣汉少见”，寒露气温比白露时更低，是一年中气温降得比较快的一段时间。秋季干燥且寒气增长，食补要防秋燥，如食用芝麻。

民间早有“寒露吃芝麻”的习俗，芝麻被称为全能营养库，可用于榨油和直接食用，也可作香料、医药和化工原料。芝麻按照颜色分为白色、黑色、黄色等，但以白芝麻和黑芝麻较为常见，也是广泛种植的优势品种。白芝麻含有大量的脂肪和蛋白质，还有糖类、维生素 E、钙、铁等营养成分。黑芝麻受到青睐，一方面是因为其含有优质蛋白质和丰富的矿物质，另一方面是因为含有丰富的不饱和脂肪酸、维生素 E、芝麻素及黑色素。研究表明，黑、白芝麻的氨基酸组成非常相似，均含有常见的天冬氨酸、苏氨酸等 17 种氨基酸，尤其是人体所需的 7 种必需氨基酸（苏氨酸、缬氨酸、蛋氨酸、异亮氨酸、亮氨酸、苯丙氨酸、赖氨酸）齐全。黑、白芝麻的氨基酸组成中谷氨酸、精氨酸以及天冬氨酸的含量相对较高。

芝麻营养价值丰富，在寒露时节，与亲友游玩之际分享诸如黑芝麻糊、黑芝麻酥饼等小食，不仅品尝了美味，也有益于健康。

9. “吃出健康——农产品与二十四节气”之霜降柿子红

霜降是二十四节气中的第十八个节气，不仅是一年中有霜期的开始，也是秋季向冬季的过渡。此时节冷空气活动频繁，气温变化加剧，昼夜温差增大，空气中水汽凝华于地表和植被，形成细微的白色冰针或六角形霜花。“露脆秋梨白，霜含柿子鲜。”霜降期间，很多地方都有吃柿子的习俗。

俗话说“霜降摘柿子，立冬打软枣”，柿子的最佳成熟时期就在霜降前后。柿子含有丰富的维生素 A、维生素 C 等，营养价值很高。同时，新鲜的柿子含碘量高，甲状腺肿大患者食用柿子有一定的益处。

柿子还可被加工成柿饼，软糯香甜的柿饼深受大家喜爱。在柿子削皮、晾晒过程中，内部水分混合糖分渗到了果实表面，水分蒸发后糖分在表面积累结晶后形成天然的“白霜”，可以食用。

吃柿子需注意以下 3 点。

①不宜空腹食用，空腹状态下鞣酸和果胶易在胃酸的作用下沉淀凝结成块，形成胃结石。

②注意适可而止。柿子中的鞣酸可与食物中的钙、镁等矿物质形成不能被人体吸收的化合物，柿子吃多了容易导致人体矿物质缺乏。

③吃后及时漱口，柿子含糖高，且含果胶，吃柿子后可能口腔会有残留，加上弱酸性的鞣酸，容易对牙齿造成侵蚀。

10. “吃出健康——农产品与二十四节气”之立冬食冬枣

立冬是二十四节气中第十九个节气，四时八节之一，立冬节气的到来说明进入了冬季，此时我们不仅要加衣保暖，还要做好饮食调理。

立冬后天气寒冷，身体对于热量的需求比较大，需要适当增加主食和油脂的摄入。同时，寒冷气候使人体维生素代谢发生明显变化，可以搭配一些富含维生素的果蔬，如冬枣，增加维生素 A 和维生素 C 的摄入，可增强人体耐寒能力和对寒冷的适应力，并对血管具有良好的保护作用。

冬枣属于鼠李科枣属，是鲁北地区的一个优质晚熟鲜食品种，原产于中国河北黄骅、山东沾化一带。9 月下旬至 10 月中下旬成熟，采收时气温较低，故称冬枣或冻枣。

冬枣中维生素 C 的含量很高，100 g 鲜冬枣的维生素 C 含量在 300 mg 左右，约为柑橘的 10 倍、梨的 50 倍、苹果的 70 多倍。一颗鲜冬枣的重量约为 15 g，可食部为 87%，3 颗鲜冬枣就可以提供约 100 mg 的维生素 C，而正常成年人维生素 C 推荐摄入量也仅为 100 mg/d。冬枣中还含有枣黄酮、环磷酸腺苷、三萜类化合物等植物化合物，这些活性成分可以在抗氧化、提高免疫力等方面发挥重要作用。

温馨提示：冬枣含糖量较高，血糖水平较高的人群应适量食用。

11. “吃出健康——农产品与二十四节气”之小寒烧菜饭

小寒，是二十四节气中的第二十三个节气，冬季的第五个节气。民间有“小寒大寒，冷成冰团”的谚语，可以说，从小寒开始到大寒结束，这一段时间是一年中最冷的时候了。

南京还保留着小寒吃菜饭的习俗。每到小寒时节，一般都会用矮脚黄青菜与咸肉片、香肠片或是板鸭丁，再剁上一些生姜粒与糯米一起煮菜饭吃，十分香鲜可口。矮脚黄青菜、香肠、板鸭都是南京的著名特产，可谓是真正的南京菜饭。

糯米是菜饭中重要的食材之一，小寒正处隆冬，要食用一些温热性食物以抵御严寒，适量食用糯米可以起到御寒保暖效果。明代李时珍《本草纲目》中提及糯米是“补脾胃、益肺气之谷”。此外，糯米还含有蛋白质、钙、磷、铁、烟酸等丰富的营养成分，可以称得上是温补强壮的食品。

广州地区在小寒有早餐吃“糯米饭”的习俗。这种糯米饭是将糯米与香米进行一定配比，将切碎的腊肉、腊肠、花生米等一起炒熟后再加入碎葱白，拌在饭中，美味又温暖。

小寒与腊八节日期接近，所以，喝腊八粥也成为小寒节气的特有风俗。腊八粥食材丰富，包括大米、小米、糯米等谷类，黄豆、红豆、绿豆等豆类，还包括红枣、花生、莲子等干果，富含维生素、矿物质、膳食纤维等，既美味又营养，是食物多样、谷类为主、粗细搭配膳食模式的典范。

温馨提示：对于糖尿病患者，在制作腊八粥时可以用燕麦和荞麦代替糯米和白米，来增加粥的黏稠感；少加红枣以及糖等，以降低糖对血糖的影响。

彩　图

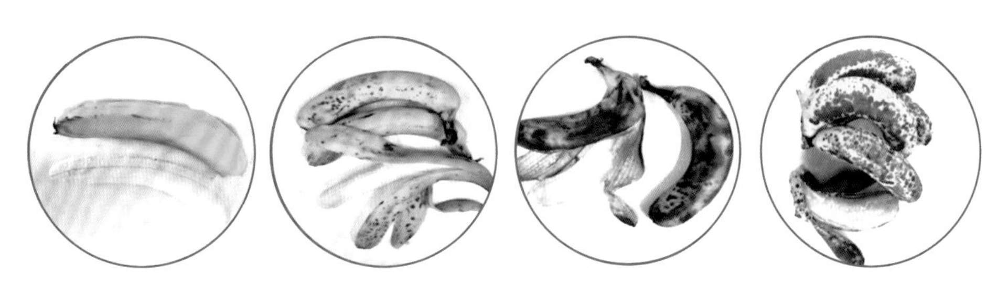

A. 黄熟，可以食用 B. 表皮有斑点，可以食用 C. 果肉过熟，不建议食用 D. 果肉腐质，不建议食用

彩图 1　香蕉表皮感官与品质变化趋势图

A. 低温保存的香蕉

B. 保鲜膜包裹保存的香蕉

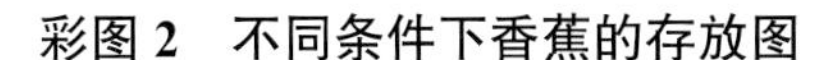

彩图 2　不同条件下香蕉的存放图

A. 圈枝柑

B. 驳枝柑

彩图 3　茶枝柑不同品种

彩图 4　茶枝柑的 3 个生长阶段

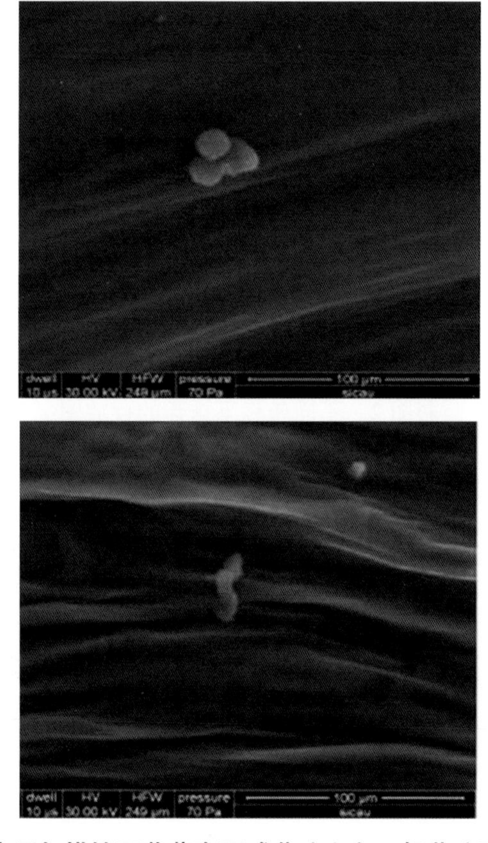

彩图 5　电子扫描镜下草莓表面球菌（上）、杆菌（下）的附着

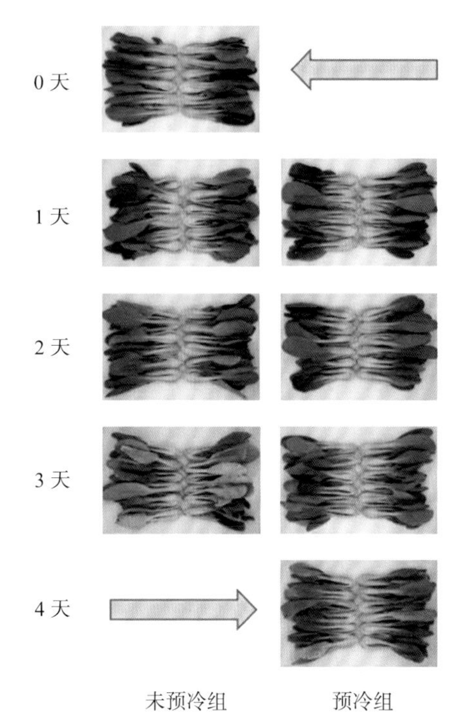

彩图 6　预冷处理对叶菜采后储藏的作用

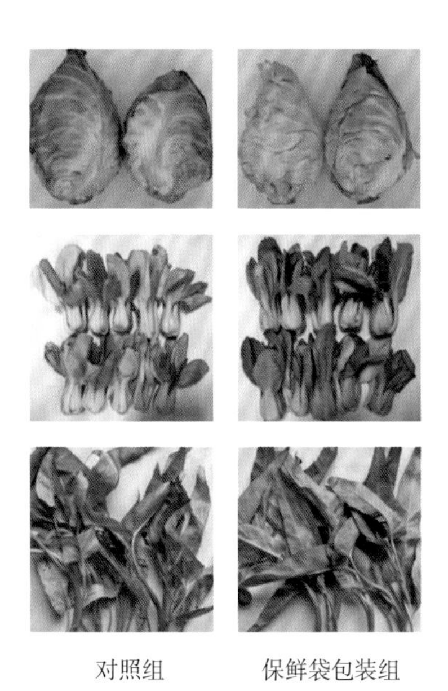

彩图 7　保鲜包装叶菜采后储藏的作用

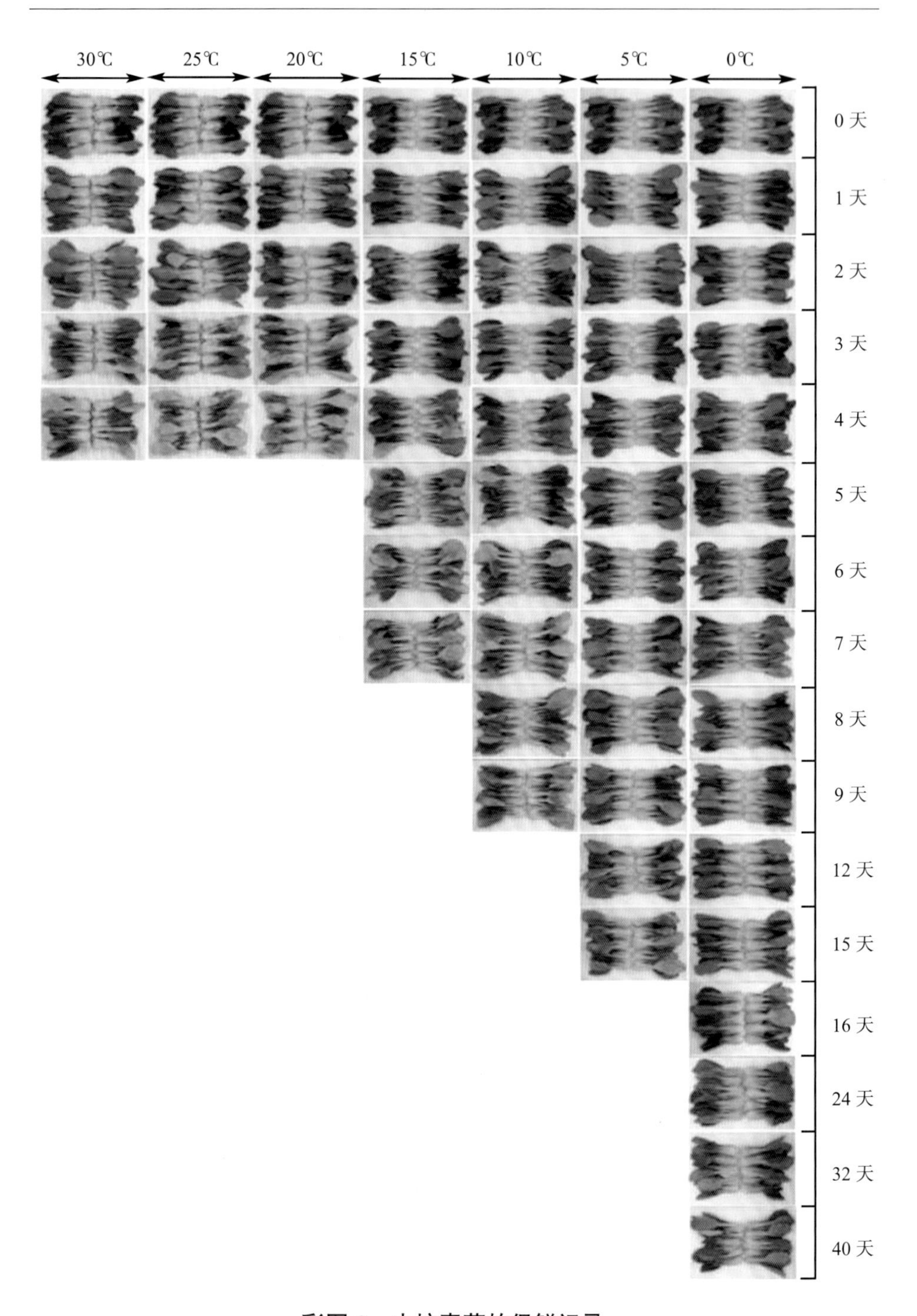

彩图 8　水培青菜的保鲜记录

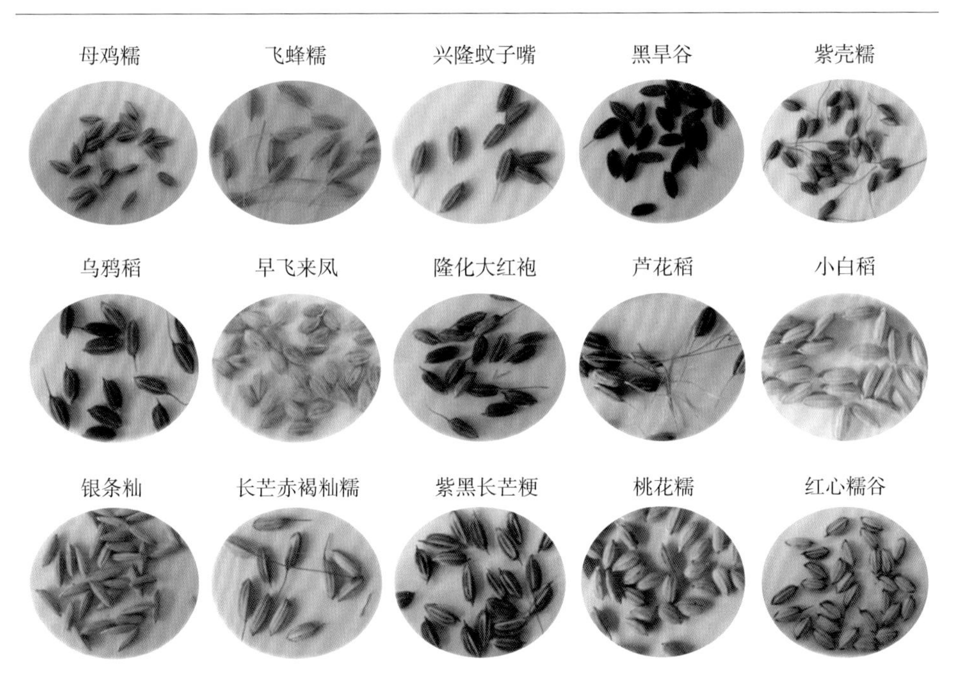

彩图 9　不同品种的水稻

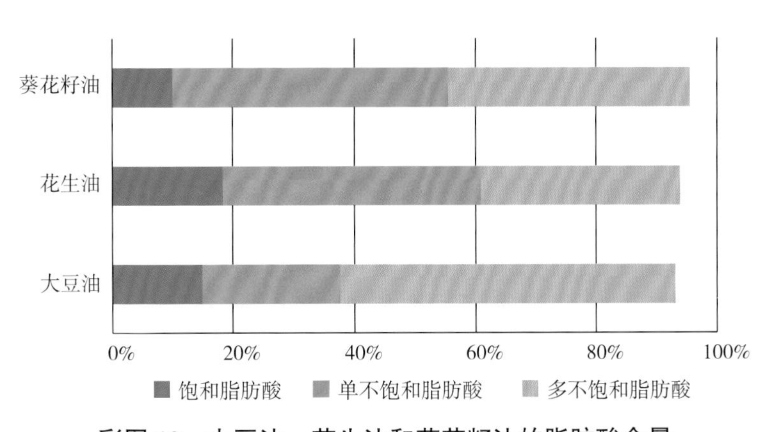

彩图 10　大豆油、花生油和葵花籽油的脂肪酸含量

【配　料】特级初榨橄榄油

【酸　度】≤ 0.5%

左

配料：　精炼橄榄油、特级初榨橄榄油

生产工艺：压榨

右

彩图 11　两款橄榄油配料表

彩图 12　大青褶伞

彩图 13　肉褐鳞环柄菇

彩图 14　可可树、可可果实、可可豆及可可食品示意图

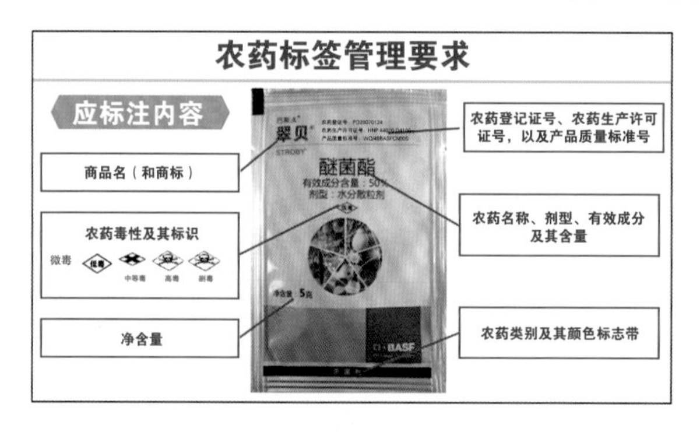

彩图 15　醚菌酯包装正面

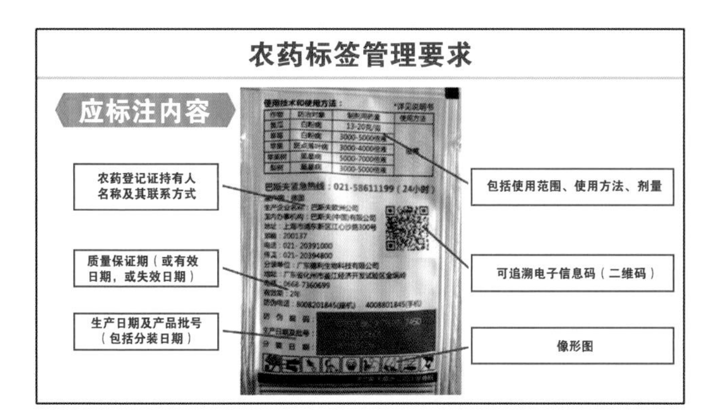

彩图 16　醚菌酯包装反面

彩图 17　像形图

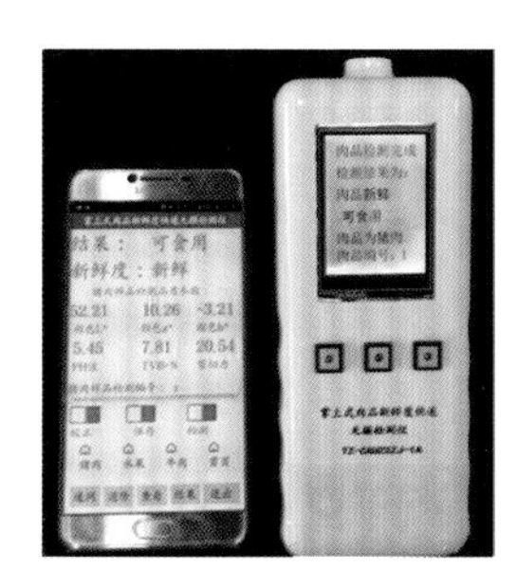

彩图 18　掌上式肉品新鲜度快速无损检测仪

彩图 19　手持式多品质在线检测装置

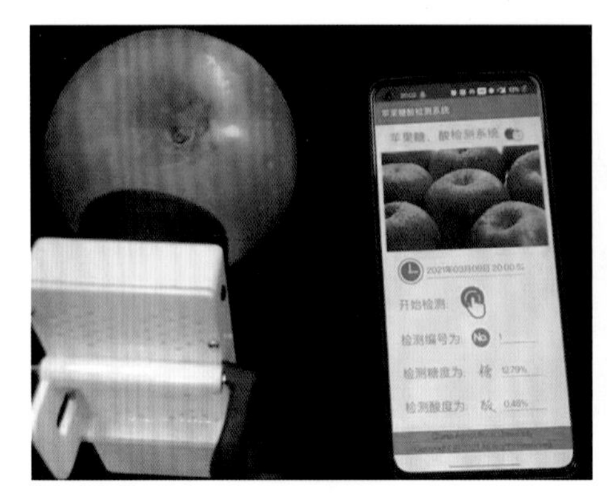

彩图 20　掌上式水果糖度检测装置

彩图 21　电感耦合等离子体质谱仪

彩图 22　三重四极杆液质联用仪

彩图 23　飞行时间质谱仪

彩图 24　三重四极杆气质联用仪

彩图 25　二维液相色谱仪

彩图 26　氨基酸分析仪